成就伟业必备案头集

我选择 我喜欢

大胆做自己

吕叔春 ———— 编著

华龄出版社
HUALING PRESS

图书在版编目（CIP）数据

我选择我喜欢：大胆做自己 / 吕叔春编著. 北京：华龄出版社，2025. 3. -- ISBN 978-7-5169-2932-2

Ⅰ. B848.4-49

中国国家版本馆CIP数据核字第2025NL2973号

责任编辑	梁玉刚	责任印制	李未圻
责任校对	张春燕	装帧设计	东方美迪

书　　名	我选择我喜欢：大胆做自己	作　　者	吕叔春
出　　版 发　　行	华龄出版社 HUALING PRESS		
社　　址	北京市东城区安定门外大街甲57号	邮　　编	100011
发　　行	（010）58122255	传　　真	（010）84049572
承　　印	三河市华晨印务有限公司		
版　　次	2025 年 3 月第 1 版	印　　次	2025 年 3 月第 1 次印刷
规　　格	710mm × 1000mm	开　　本	1/16
印　　张	14.75	字　　数	135千字
书　　号	978-7-5169-2932-2		
定　　价	56.00元		

序 言

人生是一场旅行，我们都在不断探索，不断选择。有时，我们会在他人的意见中迷失了自我；有时，会在他人的言语中淹没了个性，丢失了人格。然而，人生百年，匆匆而过，我们没有必要去在乎他人的言语，也没有必要去迎合他人，既然选择了，何必后悔，听取内心的声音，勇敢大胆地去做自己，活出真我风采，让每一次失败、尝试，都成为成长的垫脚石，做到无愧于心，无怨无悔。

每个人都追逐梦想，哪怕荆棘遍布，结果不完美。历经磨难，方知价值，明晓己心。

活在他人的眼里，你永远无法满足所有人的期待；而活在自己的心中，你却能找到真正的快乐。不要人云亦云，随波逐流，要有自己的思考和判断，只有这样，你才能活出生命的独特光彩。

在这个浩瀚无垠的宇宙中，每个个体皆如星辰般散发着无可替代的光辉。我们每个人都是这个世界上独一无二的，就如同夜空中每一颗星都拥有其独特的光芒一样。我们内在都藏有阴暗的一面，这并不稀奇，因为面对不同的人，我们会展现出不同的面貌。喜欢就交流，不喜欢就陌路，这是我们的选择，也是我们的权利。

我选择 我喜欢
大胆做自己

每个人都有专属于自己的一缕光芒，你有的，我也有，这缕光芒，是我们与众不同的魅力所在，是我们的特质，我们的优势。你的人生之路，由你亲自行走，你就是主角，舍你其谁？不要陷入焦虑和自我否定的恶性循环中，你要大胆表现，你就是最棒最好的！

因此，我们无须取悦于任何人，你只需专注于完善自我。你拥有自己的特长，拥有自己的璀璨，拥有自己的价值。你不必因他人的一言一行而质疑自我，亦无须因他人的不悦而舍弃自我。

大胆做自己，成为最优秀的自己。你的闪光点、你的辉煌，会随着你自信的姿态，积极的心态，而被无限放大。你会察觉到，当你全力以赴做好自己时，你的人生将多姿多彩，你的世界将五彩缤纷！

正如《被讨厌的勇气》一书中的那句话：“别人如何评价你的选择，那是别人的课题，你根本无法左右。”

一人难称百人心，我们无须讨好任何人，只需专心致志于自我提升。也不要因为别人不喜欢你，就玻璃心泛滥，自我否定，因为人性就是这样，你对他没有价值，他就会疏远你。你对他筹码的大小，就是他对你的友好度！

大胆做自己，力求成为最卓越的你。

你要明白，人越在意什么，什么就越折磨你，越顾虑得多，人就会变得越脆弱不堪。很多时候，困住我们脚步的并不是自己有多么的糟糕不堪，而是我们过于在意他人的目光和言论！你要明白，当你强大了，你看到的将是另一番景象！

我们每个人是普通版也是限量版，都有自己的路要走，也有自己的故事要写。但不能为了遇见谁而改变自己，也不能为了拥有谁而放弃自我。

所以，人一定要学会摒弃那些影响你情绪的杂音干扰，大胆去做自己！

你要大胆做自己，做自己认为正确的事，坚持自己的原则，怀有悲悯之心，成为你想成为的人。

赋予他人更多诚挚的祝愿与由衷的赞美，深刻认识到每个人的生活都不容易，传递关爱与温暖永远不会有错。在确保不伤害他人的前提下，大胆地说出心中所想，毫无保留地做自己，活得更加自在逍遥，这样才能吸引那些与你心灵相通的人，使快乐源源不断地涌向你。

允许别人做别人，允许自己做自己，同时给予自己充分的自由，去追寻内心真正的渴望。只需执着于你想做的事情，不必在意他人的闲言碎语，因为他们的看法对你来说并不重要。那些赞美你的人，值得你去珍惜；那些批评你的人，你也不必放在心上，毕竟他们的价值观与你不同。学会宽容他人，那些与你频率不合的人并非你所追求的伙伴，应以尊敬的态度保持距离。

本书从认识自我、勇敢面对挑战、突破舒适区等方面入手，告诉读者大胆做自己，成就辉煌人生。

编者

2024 年 9 月于北京

目录

CONTENTS

第一章 认识自己——我是独一无二的

知人者智，自知者明。

听听内心的声音，自问一句——我是谁？

只有知道自己是谁，知道自己所处的位置，才能找到激情，开发潜能，做到无所不能！

你是独一无二的！

第二章 突破舒适区——生于忧患，死于安乐

人生恰似长河，看似平静却暗藏凶险，顺流乃万丈深渊，唯有逆流方寻精彩人生。

活着从来没有真正舒适、安逸的区域，想要安逸，就必须有忧患意识，敢于冒险，做行动派，才能在人生的长河中激流勇进，掀起朵朵浪花。

第三章
接受挑战不服输——你我皆黑马

乾坤未定，你我皆黑马。

未来可期，我命由我不由天。

人生之路，无论遇到多大的失败与沮丧，既然选择了，就要永不放弃，勇于接受挑战，不到最后一刻，为什么要轻易服输？

第四章
培养良好心态——我选择自信乐观

生活恰似一面明镜，你若皱眉以视，它亦皱眉瞧你；你若含笑对之，它亦含笑待你。

拥有良好心态，生活方能张弛有度，更显舒心。

开心也好，不开心也罢，心宽则生活如糖甜，纠结则生活似嚼蜡。

西方有谚云：“不烦恼、不生气、不用血压计。”

第五章
不做沉默的羔羊——大胆说话有诀窍

你是否因为害怕说话而错过机会？

你怕说错话，你害羞，你不敢表达，你怕受人嘲笑，所以你怕，你怕，你天天怕……机会在害怕中溜走！

而那些大胆做自己的人，不仅善于发表意见，还恰如其分，既抓住了机会，还自有主见。

两者孰好孰坏，就看你的选择。

第六章
跨越人际障碍——不做“社恐”做“社牛”

“社牛”在人际关系上表现得游刃有余，大受欢迎；“社恐”则截然相反，人人避而远之。

好的社交能为我们带来快乐，反之则带来重重压力。

社交处理得好能够事半功倍，处理得不好只会事倍功半。

每个人都不是一座孤岛，跨越人际障碍，你的社交将无处不在。

第七章
学会独立思考，坚持自信自立

独立思考，追求自己所需要的。

最好的不一定适合你，任何时候一定要根据客观情况去做决定。

发现优势，坚持自信自立，不依赖他人，不盲目跟风，与时俱进，懂得创新，分清行事的轻重缓急，你一定能成为最好的自己。

第八章
坚持原则与底线——别被人 PUA

人活着，失败不可怕，可怕的是失去了原则与底线，原则与底线丢了，你就真的变“穷”了，你不是你，你甚至被人 PUA（精神控制），那谁也帮不了你。

原则与底线是心灵的指南针，指引我们在生活的海洋中航行，不偏不倚，始终如一。

第九章 懂得感恩——选择爱我所爱

我们的手掌不大，容纳不下太多的东西。
我们的内心有限，容纳不了太多的人。
所以选择爱我所爱。
感谢生命中拉你一把的朋友，在你最无助时给你力量，在你淋雨时给你撑伞。
人生最幸福的不是金钱几车，财富如山，而是身边有真心实意对你好的人。
感恩，遇见！

我选择 我喜欢
大胆做自己

第十章
我选择，我喜欢——大胆做自己

生命短暂而珍贵，我选择，我喜欢，要大胆做自己，不被外界所困，摆脱条条框框，活出自我的精彩。

要关注内心需求，主动抓住机会，为自己而活，活出真实的自己，让生命更加精彩。

附 录
“I 人” “E 人” 93 题问答

第一章

认识自己——我是独一无二的

知人者智，自知者明。

听听内心的声音，自问一句——我是谁？

只有知道自己是谁，知道自己所处的位置，才能找到激情，开发潜能，做到无所不能！

你是独一无二的！

第一章

认识自己——我是独一无二的

1 我是谁

认识自己，最重要的一个问题——我是谁？

苏格拉底曾说过，“认识自己，方能认识人生”。这世界上没有两片一模一样的树叶，更没有两个一模一样的人，每个人都是独一无二的。

我们每时每刻都跟自己待在一起，但真正了解自己的并不多。

真实的自己到底是谁，我们应该把手机放下，或者离开电脑，每天给自己一点时间，去跟自己交谈，去思考自己到底是谁，去了解自己的缺点，去明白自己的优点，做到扬长避短。

一旦了解清楚自己是谁，我们就会得到更多的力量。

人生就是一场游戏，这场游戏设了很多障碍，很多级别，如果你不破掉游戏中的障碍，那么就破不了人生的局，无法达到更高的级别，那么你就只能一直在低级别的游戏中不断轮回。

我们好好回顾人生，起起落落，飘飘荡荡……当我们越多地去审视自身的经历，就越能看到自身的困扰和焦虑。

为何我现在是这般境遇？到底是谁在驱使我的意识和行为？

未曾生我谁是我，生我之时我是谁，长大成人方知我，合眼朦胧又是谁？

佛说心念即我：过去心，当下心，未来心。

所有的痛苦都源于个体与整体分离的幻觉，幻觉让你成为为生存而挣扎的人，幻觉让你相信身体里的原子。

那么，怎么去认识自我？

比如，我有时比较清高，有时耐心不足，有时比较自大，有时觉得自己很了不起，有时又会觉得自己很无能。

通过对自己的了解，或者别人对你反馈等，就形成了对自己的一种自我印象，这就是认识自我。我们只相信我们认为的，这就是自我感，有时会高估自己，有时会低估自己。

我们还经常从身边的朋友、同事、亲人眼里看到自己，嘴里听到自己，自画像大概是这样的：有一些能力，做事认真，口才不错；为人靠谱，有点固执；对好人的态度好，对心术不正的人也是毫不客气；生存能力强，生活能力待加强……

还有喜欢攀比，怕别人瞧不起自己，或者别人在批评你时，你是抱着拒绝还是接受的态度。这都是你在猜测别人怎样看你。

所以，我们要通过不同的角度去看待自己，这样当你人生遇到困扰时，就会看得比较透彻。

很多人是一辈子稀里糊涂地活，稀里糊涂地死，一辈子都活在跟别人的攀比中，自己的所作所为都是为了让别人觉得你好，就是为了别人而活，这就是把生命的能量用错了地方。

每个人都有自己独特的人生旅程，每个人都在不断地成长和发展。在这个过程中，认知自我是至关重要的一环。通过对自我的认知，我们可以更清晰地理解自己的特点和局限，从而提升个人发展的深度和广度。因此，正确认识自我，了解自己是谁，是我们走向成熟和成功的第一步。

“自己”这个东西是看不见的，撞上一些别的什么东西，反弹回来，才会了解自己。所以，跟很强的东西、可怕的东西、水准很高的东西相碰撞，然后我们才知道自己是什么。这才是自我。

失去自我的人很难活在当下。活在当下，是很难得的智慧。这意味着，你和当下的一切在一起，与当下的存在，包括你自己，建立了全然的联结，这也意味着你接纳了一切。

2 认清自己位置，不轻易越雷池

有人说：“上山的人，不要瞧不起下山的人，因为别人风光过，而你还在山下。山上的人，不要瞧不起山下的人，因为不定什么时候，山下的人会爬上来，一定要做好自己。”

一个人最大的聪明，就是认清自己，知道自己是谁，知道自己所处的位置。只有知道自己是谁，才不会忘乎所以，迷失方向；只有知道自己所处的位置，才知道什么可为，什么不可为。

很多时候，人生许多烦恼是不能认清自己所造成的。

越有本事的人，反而越谦卑，因为他见识广阔，知晓自身的渺小；只有“井底之蛙”，才容易“夜郎自大”。

在《伊索寓言》里，曾有过这样一则故事。

有个人把神像放在驴子背上，赶着进城去。凡是遇见他的人都对着神像顶礼膜拜。驴子以为人们是向它致敬，便扬扬得意，大喊大叫，再也不肯往前走了。驴夫见到这情形，明白了是怎么回事，立刻狠狠地给了它一棍，并骂道：“喂，这蠢东西，人们给驴子鞠躬的时候还早得很哩！”

德不配位，必有灾殃。

没有深厚的德行却身居高位，最终的结果只能是害人害己。

杨绛说：“无论人生上到哪一层台阶，阶下有人在仰望你，阶上有人在俯视你，你抬头自卑，低头自得，唯有平视，才能看见真实的自己。”

认清自己的位置，不过高估计自己，也不轻视自己，才能充分发挥主观能动性，更快地实现人生目标。

人生天地之间，如白驹之过隙，忽然而已。

我们当中的大多数人，如果不能靠逆袭做得特别成功，那就按部就班地在自己的位置上发光发热，做好自己的本分，岁月静好，何乐而不为呢?

尺有所短，寸有所长。每个人都有自己的长处。做人最大的无知，往往不是能力的欠缺，而是认不清自己的位置。

在现实生活中，我们常有这样的感受，有些人虽其貌不扬，可是你跟他接触多了，听他说话会觉得如沐春风，会觉得很温暖，这就是他语言的魅力所在。其实在所有动听的话背后无非是一个人的善良，给予有困惑的人以安抚，懂得感激感恩，还会去赞美他人，会换位思考，有同情心、同理心、悲悯心；一切以规矩来办事，不出格不犯规，看似是约束，其实是在更大的范围内保护自己的权益；不越雷池半步，不挑战道德底线，不违法，人就可以在正向的能量里，在更大更广阔的世界里自由自在地生活。

心理学上有个名词叫“达克效应”，意思是能力欠缺的人，无法正确认识到自身的不足，总是高估自己，这属于认知偏差。

比如，生活中那些太把自己当回事的人，总认不清自己的位置，有着莫名其妙的优越感，觉得自己高人一等，事实上他们非常普通。

当初莫言获得诺贝尔文学奖后，被很多人追捧，他却说："要赶快忘记这个奖项，否则将会在沾沾自喜中迷失自己。"

3 了解你的人格——你是 E 人，还是 I 人

“你是 E 人还是 I 人？”

当代年轻人的社交话题，总是逃不过迈尔斯－布里格斯类型指标（MBTI）。话题“MBTI”在新浪微博的阅读次数达 48 亿次，抖音平台相关播放量超过 93 亿次，成为年轻人社交“热身”的热门话题。

MBTI 是什么？全称为迈尔斯－布里格斯性格分类指标，是一种自我报告式的人格测评工具。

标准测试分四部分 93 题（见附录），将个体行为差异分为两大类型四个维度，其中两大类型为“E”型和“I”型。测试结果为：“E”代表外向型人格，“I”代表内向型人格。四个维度中的每个维度包括两个方向，分别是外向型（E）—内向型（I）、感觉型（S）—直觉型（I）、情感型（F）—思考型（T）、判断型（J）—感知型（P）。测试通过排列组合形成 16 种人格类型，例如主人公型人格（ENFJ）、提倡者型人格（INFJ）等。

不少人根据测试结果，把人区分为 E 人和 I 人，以此表达不同的性格特征，甚至将 E 人和 I 人等同于“社牛”和“社恐”。虽然

MBTI 中的 E 人和 I 人在一定程度上与“社牛”和“社恐”的概念有所关联，但直接将 E 人和 I 人理解为“社牛”和“社恐”是过于简化和片面的。

平时我们所说的“社恐”，强调的是对社交情境存在过度恐惧和焦虑，导致回避社交；而“社牛”更侧重于在社交中表现得非常自信、大胆和游刃有余。

最 E 型人格，犹如舞台中央的聚光灯，他们热爱社交，善于在人群中散发出独特的魅力。他们是能量的源泉，无论何时何地都能迅速点燃气氛，成为众人瞩目的焦点。他们热衷于参加各类社交活动，享受与他人建立联系的过程。他们能在短时间内与陌生人建立起亲密的关系，轻松打破僵局，营造轻松愉快的氛围。在团队中，他们是活跃气氛的催化剂，总能引领话题走向，调动大家的积极性。

最 I 型人格，仿佛是藏匿于书卷深处的哲人，他们更喜欢在安静的环境中独自思考，享受内心的宁静与丰富。他们内敛而深邃，如同静谧的湖水，表面波澜不惊，却蕴含无尽的智慧。

不过，归根结底，人格测试只是认识自己的一种工具，它的存在肯定了人格的多样性，但并不能作为区分好坏对错的标准。

不管工作场合还是私下社交，与人沟通都不可避免。一些恐惧社交的 I 人表示，遇到必要场合，他们也会戴上 E 人面具，强行“营业”。

为 I 变 E，是 MBTI 测试话题中讨论较多的一个词，指的是一个 I 人为了在社交时不冷场、显得合群等因素，会挺身而出做 E 人。

不过，工作中有时需要 E 一点，但强行 E 久了，可能会在某个节点上突然爆发，然后用更多的时间去修复情绪。

专业人士表示，工作中有些场合需要 I 人“伪装”自己，但随之而来的是较大的精力消耗和身体伤害，因此不建议 I 人强行改变，要视自身情况而定，做到自洽。

建议 I 人应首先学会自我了解和接纳，认识自身的长处，如善于独处、思考深入、情感丰富等，充分接纳内心需要，而不是强行让自己变得外向。I 人也要防止自我封闭，适当拓展人际范围，选择合理的方式与他人沟通，丰富自己的内心世界。

年轻人可以通过人格测试了解自己擅长什么，不擅长什么，扬长避短，减少因不自知带来的无谓内耗，也可以通过有针对性、有计划地突破不擅长的方面，完善自我。

没有任何一个人格标签，能完整覆盖所有人，或者说，每一个个体都是具有独特性和同一性的。他人会同你有相似的地方，也会有完全不相同之处，纵使你们测出是同一种人格类型。

人嘛，本身就是很复杂的。

其实，这些都不重要。重要的是在探索自身的过程中，我们变得更了解自己，也明白人与人之间本身的差异——每个人都是很可爱的。

4 激情是一种力量——找到它

人们总会相信一个神奇的词——激情，总是说，只要能找到自己的激情在什么上，就一定会快乐起来！

美国成功学大师拿破仑·希尔认为，激情是一种意识状态，能够鼓舞和激励人对手中的工作采取行动。他在评价人时，除了考虑才干和能力，非常看重对方的激情。因为激情能使人在面对困难时所向无敌。如果一个人缺乏能力，但有激情，他依然有凝聚力；如果说他没有资金或设备，但有激情说服他人，他依然有可能实现自己的梦想。

就好像喜欢读书的，讨论起书中人物滔滔不绝；爱玩游戏的，讨论起《英雄联盟》眉飞色舞；喜欢购物的，讨论起口红、香水兴高采烈；喜欢省钱的，讨论起最近上“比买更便宜”的活动总是津津乐道。

确实，激情是一种能力，而激情的敌人是沮丧。如果某件事对你来说是挣扎，你是不会有激情的。

如果世界上存在一条通往激情捷径的话，那就是更高的人生目标。当你的人生追求超越了“个人兴趣”的狭隘范围，从更广的视角与他人建立联系——为他人的生活带来积极的影响，为这个世界带来积极的改变时，这样的人生目标不仅会触发你的激情，还会带你来到更高层次，让你在追随自己激情的过程中获得深层次的满足感。

软件银行集团的总裁孙正义先生被全世界的媒体称为“日本软件巨子”“日本的比尔·盖茨”“世界互联网经济的领袖”……如此之多的称号，源自孙先生最简单的一条生存原则，那就是激情。孙正义雄心勃勃，对互联网富有极大的激情。不！确切地说，他对自己所从事的所有领域都富有激情。他是一个激情澎湃的经理人，他说：“我要在不惑之年实实在在地大干一场。”他每天都在规划宏大的发展蓝图，对未来充满信心，每天都在大胆地投资与并购。

以至于《商业周刊》这样评价他：“然而问题在于，软件银行公司能否跟得上它老板的勃勃雄心。”

孙正义是韩裔日本人，他从小就受到种族歧视，但他从未放弃对生活的激情。无论是经历创业时期的举步维艰，还是度过企业中途的发展危机，孙正义二十年激情依然。今天，在全球互联网经济最低迷的时期，孙正义却仍对这一领域的事业充满激情，他说他对未来的前景深信不疑。

有激情的人是富有朝气的人，更是有活力的人，也是进取意识强的人，不论干什么事都认认真真，不懈怠，不消极，不悲观，正是这种积极向上的态度，才能以良好的精神风貌出色地完成工作任务，大胆做自己。

一个人要想在某项工作中干出成绩来就需要一种激情，这是因为在成功的路上总会布满荆棘，路上总会坎坷不平，没有毅力和激情的人是不行的，为何有些企业家能够将企业做大做强呢？主要就是他们有一种激情，一种人生使命感，就是他们满怀信心，比别人有更大的激情，便能战胜自己，成就辉煌，激情就是企业家的精神。

激情是一种自信的气势，锐不可当，力量无限。

5 唤醒潜能——逼自己一把

每个人都能成功，关键在于你能否唤醒自身沉睡的潜能。

许多人之所以一生平庸、一事无成，就是因为他们让自己的潜能一直陷入沉睡中，到死都没有醒来，而要唤醒潜能，必须狠狠地逼自己一把，因为人的潜能都是被逼出来的！

当一个人有退路时，很难全力以赴地去开辟新路，很容易半途而废，有时，放弃是明智的选择，而有时，坚持才有奇迹发生。现实也许不是那么理想，但错误地放弃了不该放弃的，不能坚持到底，你永远不会知道结果会不会出现反转。

遇到挑战绕道走，是人的本能，迎难而上，才是本事。

胆子大一点，努力去拼搏，努力去奋斗，大胆去折腾，人生没啥好怕的，就怕你失去了重新开始的勇气，这才是最致命的！

世界潜能大师安东尼·罗宾曾把人的潜能比作一座金矿，这座金矿人人都有，它的蕴藏量十分庞大，价值更是无法估量。

人的潜能到底有多大？

对大多数人来说，潜能的发挥都是不够的。而之所以发挥得不够，就是对自己不够狠，不能狠狠地逼自己一把！

科学研究表明，人在生理上蕴藏着极大的潜能，一旦将其逼出来，就会创造出让人直呼不可思议的奇迹。比如，曾有一个力量一般的人，被人催眠后，由别人将他的头和脚放在两把椅子的边上，其他人往上压。奇迹出现了，他的身子居然能支撑起六个人或者更多的人。如果在他身上放上一块大木板，他的身体居然能支撑起一匹马，把周围辅助测试的人看得瞠目结舌。其实，我们每个人都有这种生理潜能，只是在平时都隐藏着。

除了生理上蕴藏着巨大潜能，人的自我暗示，同样潜伏着足以成就大业的潜能。

在印度，曾有一位赫赫有名的皇帝莫卧儿。他在一生的征程中历经了诸多战事，战败过无数次。最为惨烈的一次，这位一国之君竟无奈地躲到马槽之中避难。彼时的他，内心极度失望，甚至一度萌生出结束自己生命的念头。然而，就在这般绝望之际，他偶然看到一只小小的蚂蚁正拖着一颗饭粒艰难地攀爬一道坎。这只蚂蚁历经六次失败，却始终未曾放弃，最终成功地爬了过去。莫卧儿由此深受启发，通过不断地自我暗示，成功地恢复了自信，进而激发了自身的最大潜能。最终，他凭借着顽强的毅力，建立起了中世纪那最后一个横跨欧亚非的庞大帝国。

心理学研究表明，坚持积极的自我暗示，对于充分挖掘自己的潜能具有重大意义。通过心理暗示，人们能够树立起坚定不移的信心和意志，能够让自己立刻行动起来，向着自己期望的目标一步步迈进。

很多人之所以不能激发潜能，就是因为自我设限，不能逼自己，不敢挑战自己、超越自己。

人是一个极为复杂且充满矛盾的个体，既怀揣着对发展进步的强烈需求，又存有安于现状、得过且过这般慵懒懈怠的惰性，能够像勾践那般卧薪尝胆、自我时刻警醒的人着实是少之又少。更多的人所需要的乃是鞭策以及犹如当头棒喝般的触动，而“逼迫”恰恰就是那最为自然而然且极为有效的好办法。人们常常提及的“压力即为动力”，其含义便是如此。

故而，被逼迫并非是无奈之举，实则是一种福气。

逼迫自己，便是成功战胜自我，务必要比自身的过往更为崭新；逼迫自己，便是要超越激烈的竞争，必须比他人更为新颖。别人未曾想到的，我要率先想到；别人不敢去想象的，我要敢于大胆想象，别人不敢去做的事情，我要勇敢尝试；别人认为做不到，我一定要做到。

潜能的力量是巨大的！人的潜能也遵循着“马太效应”，越开发使用就会越多越强。人生最大的失败不是做不到，而是你觉得自己做不到。

潜能都是被逼出来的，命运负责逼迫，你负责突破。

不要自我设限，你永远比自己想象得更优秀。

《霸王别姬》里程蝶衣的师父说过一句话：“人，得自个儿成全自个儿。”

第二章

突破舒适区——生于忧患，死于安乐

人生恰似长河，看似平静却暗藏凶险，顺流乃万丈深渊，唯有逆流方寻精彩人生。

活着从来没有真正舒适、安逸的区域，想要安逸，就必须有忧患意识，敢于冒险，做行动派，才能在人生的长河中激流勇进，掀起朵朵浪花。

1 拒绝躺平，做行动派

近年来，随着高校毕业生数量的再创新高和国内就业形势的低迷，越来越多的青年人选择“躺平”。

“躺平”是什么，通俗地说就是佛系、低欲望，喜欢安于现状，过走一步看一步的生活，没有自己想要得到的东西和梦想。无论对方做出什么反应，自己内心都毫无波澜，对此不会有任何反应或者反抗，表示顺从心理。

美国著名营销大师齐格·齐格勒在哈佛大学的一次演讲中被问道：“成功的关键是什么？”

齐格勒没有直接回答，而是让助手把一列模拟火车和一段模拟铁轨拿到台上。他把一个小木块塞进火车的驱动轮前，然后按下火车的开关。在小木块的阻止下，火车轰鸣着但寸步难行。

“刚刚从静止状态启动的火车，可以被小木块阻挡，但一列火车一旦跑动起来，就会产生无穷的威力。当速度达到最高时，它甚至能撞穿一堵 1.5 米厚的水泥墙。火车的威力为什么如此强大？是因为它动起来了。”齐格勒在演讲时说。这也是他的销售哲学——成功的关键，就是不断地走访客户和谈判，做行动派。

对成功人士而言，行动的力量是其走出困境、实现突破的关键。正如物美集团创始人张文中所言：“要积极行动起来，‘躺平’不是一个好的选择。”

所谓行动派，是当他人迷茫看不清方向时，能根据以往经验和独立思考，找准分辨方向的“指南针”，指引行动；当他人面对困境缺乏勇气而踯躅不前时，他们敢于冒险前行，为实现目标而奋斗；当他人抱着机会主义的心态随波逐流时，他们能坚守初心坚韧而行，并有信心为结果负责。

需要强调的是，行动派不是乱动，更不是盲动，而是有策略、有计划、有部署地采取行动。

温室的花儿长不大，马厩里养不成千里马。人生的道路不是只有“轻舟已过万重山”的顺境，更多的是“雪拥蓝关马不前”的逆境，有起有伏是人生，有得有失是常态。一些人在这个过程中，心理和精神悄然发生改变，出现了少年的“佛系”、中年的“油腻”、老年的“颓废”，过起了“熬过一天算一天”的日子。

青年人要不负青春，不负韶华，不做“躺平”者，时刻在青春的赛道上奋力奔跑，争取跑出当代青年的风采，用行动绘就属于我们这一代人的青春底色。

在时代大潮中，没有人能够“躺平”，更没有人能够“躺赢”。对于个体而言，当今社会，只有行动起来，才能赢得激烈的竞争，才能赢得出彩的人生。任何时候，只要“躺”下，就绝对没有“赢”的机会。

所以，我们要拒绝“躺平”，我们要始终抱有艰苦奋斗的精神，勇敢肩负起时代赋予的重任，脚踏实地，勇往直前，要跳出舒适圈，要勇于、敢于啃“硬骨头”，争当“孺子牛”，同时要坚持学习，做到知行合一，拓宽自己的知识面，提高各方面综合素质。通过读书、实践等方式拓宽视野，并通过学习武装自己的思想，我们要从思想上杜绝“躺平”思维。

“躺平”现象的呈现，表明当代青年中，部分人已然迷失前行方向，缺失闯荡之斗志，他们并非追求美好人生，仅满足于苟且存活，这般行径与时代主流思想相悖，与人生价值失之交臂，乃消极规避社会竞争与压力之体现。

“躺平”虽是一种选择，但很多年轻人没有意识到的是，“躺平”的代价，可能并不比奋斗低，要付出的倒是更为高昂的代价。所以要拒绝“躺平”，与其怨天尤人、暮气沉沉，年轻人不如脚踏实地大干一番，用奋斗闯出属于自己的路。

正如爱迪生所说：“不要试图用语言证明你是什么样的人，你是否有成就在于你是否有行动的习惯，一种是畏首畏尾，它决定了你永远没有成功的机会；另一种是敢拼敢闯，它注定你脚下的路必然通往罗马。”

2 战胜拖延——今日事，今日毕

古人云：“今日事，今日毕。”

生活中，很多人难以做到这一点。列好的计划单，会因为各种原因推迟，总觉得一次两次无所谓，下次补上就行，但是积少成多，日积月累，成了成功路上最大的绊脚石。

在美国，有一个著名的将领名叫乔治·布林顿·麦克莱伦，他曾是西点军校的优等生。在南北战争时期，麦克莱伦由于系统改造北方军队的后勤而声名大噪，最后被提拔为北方军总司令，还被誉为“小拿破仑”。

可是，这位麦克莱伦将军在其后的战争中屡次追求完美，认为“打仗就必须打胜仗”，所以一定要打“有准备之仗”。

1862 年，至关重要的“安提坦战役”乃是美国南北战争中极具决定性意义的一场重大战役。彼时实有一个绝佳契机能够成功夺取里士满，然而麦克莱伦却屡屡犹豫不决，笃定自己已然被南方军队所阻截，认定毫无把握取胜，故而错失了这般良机。

之后麦克莱伦不仅一再修改作战方案，而且一会儿觉得武器装备不够精良，一会儿觉得士兵还不够训练有素，最终在兵力两倍于敌军的情况下错失全歼南方军队的机会，战争因此又被拖了三年才宣告结束。

林肯曾不无抱怨地说道：“倘若麦克莱伦将军不愿好好地运用他所统领的军队，那我着实宁愿将其统统借给他人呢。”联邦军总将军亨利·哈列克则认为他“具备着一种超乎任何人想象的惰性，仿若唯有阿基米德的杠杆方可撬动这般庞大的静止之物”。这般状况着实摧毁了军政界对麦克莱伦的信任，最终致使他被解除了军职。

拖延症经常发生是因为人们总想把工作做得十全十美，这正是完美主义者的特点，他们不愿意在工作中出现瑕疵，惧怕失败，由此产生的压力让他们内心挣扎，随之会出现焦虑和恐慌，所以他们迟迟不行动，这就是一种逃避行为。

行动是治愈恐惧的良药，而犹豫拖延将不断滋养恐惧；拖延症，可以说是我们前进道路上的最大羁绊。

调查显示：我国有 80% 的大学生和 86% 的职场人士都患有拖延症。我们常常到截止期限的临界点，才被压力所迫开始做早就该做的事。

法国著名哲学家朱尔斯·贝约尔说过：绝大多数人的目标是尽量不动脑子地生活。

所以我们总是想要娱乐，想要休闲，选择比较容易、不费脑子的事情去做，比如刷手机。

拖延是一种心理疾病，它会导致人们不断将事情推迟，浪费时间和精力。拖延的原因有很多种，比如，缺乏自信、恐惧失败、懒惰、追求完美等。无论是什么原因，拖延都会给我们的生活和工作带来负面影响。如果我们一直拖延，那么最终的结果是无法完成任务或者质量不达标，导致失望和挫败感。

告别拖延，刻不容缓，马上行动！

不要把今天的事情留到明天去做，时间不等人，不能把宝贵的时间浪费在无谓的等待和拖延上。

告别拖延并不是一件容易的事情，但也不是不可能的。

1. 制订计划。在开始一项任务之前，先制订一个详细的计划，包括时间、任务分配等。这有助于让我们更加清晰地了解任务的内容和要求，减少拖延的冲动。

2. 分解任务。将一个大的任务分解成若干个小任务，每次只专注于完成一个小任务。这样可以让任务看起来更加容易完成，减少拖延的倾向。

3. 设定优先级。将任务按照优先级排序，优先完成重要和紧急的任务。这样可以避免拖延到最后一刻。

4. 减少干扰。在完成任务的过程中，尽量减少外界的干扰，比如关闭手机、电脑的通知等。这样可以让我们更加专注地完成任务，减少分心的可能。

5. 找到动力。找到完成任务的动力来源，比如奖励自己完成任务后的一件心仪的东西，或者与好友一起完成挑战等。这样可以增加我们拒绝拖延的动力和积极性。

6. 克服困难。在完成任务的过程中，难免会遇到一些困难和挑战。这时候不要轻易放弃或退缩，而是要勇敢地面对和克服这些困难。只有这样才能够真正地拒绝拖延，让自己变得更加高效。

如果你是一个重度拖延症患者，那还可以通过外界力量的提醒和约束，强迫自己摆脱拖延。自己单枪匹马战斗的效果远不如团队合作，尝试找一个人来监督你。

所以你从现在就开始，战胜拖延，成为一个从容且高效的人。

3 敢于冒险——风浪越大，鱼越贵

不愿承担风险的人，只会一事无成，一无所有，一无是处。

任何成功的代价都是我们必须为之承担风险。想要不承担任何风险，就轻易成功的人，可能还没有出现。

我们要敢于冒险，通往成功和财富的道路，就是勇于承担风险。生活本身就是一次修行，一场冒险。你承担的风险越多，你经历的就会越丰富多彩。你所经历的任何一种冒险，都会在你的生命中留下痕迹。有人说生活要么是一次壮丽的冒险之旅，要么只能是一无是处。拒绝正常的风险，只会让你与个人发展的道路背道而驰。

在《洛克菲勒留给儿子的38封信》中，美国亿万富豪洛克菲勒对儿子说，之所以如此的赞誉和欣赏赌徒，并不是说优秀的赌徒就会成为优秀的商人。事实上，洛克菲勒厌恶那些把商场视为赌场的人，但他不拒绝冒险精神。

安于现状只会导致不进则退，事情就是这么简单。做任何事乃至人生，都要在冒险与谨慎间抉择。有些时候冒险获胜机会更大。想知道既冒险又不败的诀窍，记住：大胆筹划，小心实施。在洛克菲勒看来，谨慎易错失成功机遇，冒险能抓住机会并利用。

越是敢于冒险的人，越是能紧紧把握住机会，也就越容易成功。真正成功的人生必定是由一个个的冒险堆垒成的一座高山。这座高山永无顶峰，只要你不停下来，永远都可以提升它的高度。

世间每一处有荣誉与利益之处，皆存在风险，风险与利益共生。其结局无非两种：成功或失败。若成功，我们将获得梦寐以求之物与欣慰；失败则不过是孤注一掷后的无奈，外加撞倒南墙后回头的经验教训。但只要为目标勇于拼搏，无论结果如何，皆有收获。

有一个叫汤姆的人，能力非常强，常喜欢与人比较做事的成功率。但他性格中的弱点也是显而易见的，他总喜欢考虑再三，等到十拿九稳之后再行动，结果他的成功率是 95%，每年能赚到 100 万美元。但他的好朋友克鲁斯则是一个敢于冒险的人，只要看准的事情，就敢于主动出击，去争取最大的胜率。结果他的成功率是 70%，但他却能每年赚得 150 万美元。

这个例子说明了成功永远属于冒险者。尽管在某个单位时间内，冒险者可能获得的失败次数多一些，但是在整个追求成功的过程中，则是胜利者。在社会上闯，假如你能在每一天都冒一点险，那么成功就会离你越来越近。

取得成功的原因有很多，其中最关键的一条就是要敢于冒不确定性的风险。

世上之事，如果都有清晰的路径，都能事先规划，所有人都会去做，显然就很难成功。

只有充满了不确定性，有风险、失败的可能性很大的事，才有可能带来巨大的成功。

大多数人的智商本质上都差不多，聪明人也有很多。成功需要一点智慧，却又不仅仅是依靠智慧。成功往往取决于面临巨大风险时的决断，取决于面临困境之时是否有勇往直前的精神和百折不挠的性格。

凡是有大成就的人，并非如常人所想，仅仅利用超人的智慧八面玲珑，什么都能游刃有余，恰恰相反，他们总是身处巨大的风险之中，历尽磨难，甚至众叛亲离。

历史上成功的当事人自己也不知道不确定性的风险有多大，两眼一抹黑，他们并不能确切知道自己能否成功。

风险既能带来压力，也能带来动力，带来智慧，就看你关键时刻如何抉择。

成功者总是在所有人都认为无路可走的时候，能够迎难而上，越难越勇，能够起死回生，解决那些在别人看起来根本不可能解决的问题。

有多大的风险就有多大的成功和利益。

风浪越大，鱼越贵。

4 决不找借口

《人性的弱点》中写道：“人的天性之一，就是喜欢找各种各样的借口为自己辩解。”

命是弱者的借口，运是强者的谦辞。

我们总有各种各样的理由来掩饰自己。

天赋不够，不必那么用功；事情太多，根本做不过来；我不是富二代、官二代，所以我没有资源；我创业没有资金，所以不敢行动；我没有文凭，所以才华不够；我都过了不惑之年，还是不折腾了……

年龄不是成功的拦路虎！就算你已经过了 40 岁，也别用年龄作为不成功的借口。看看那些在 40 岁以后才成功的例子，比如拿破仑·希尔、福特、卡耐基、任正非等，他们都是在中年以后才取得了惊人的成就，当然 40 岁之前成功的人也不少，如果你觉得自己还年轻，这个借口更不靠谱。

文凭也不是成功的关键因素！虽然有些人通过学校教育获得了文凭，但其实这只是获取知识的一种方式。看看那些成功人士，他们虽然没有受过多少正规教育，但通过自学和实践，同样取得了巨大的成功。

我没有资金，所以我不能成功？

即使没有资金，如果你有想法和决心，依然能够创业赚钱。在国内许多百万富翁和亿万富翁，都是白手起家。在国外，这种现象也很常见。其实，资金的来源有很多种，你可以通过积少成多、向亲朋好友借钱、寻找商机、向银行贷款或者与有钱的个人或单位合作来获取资金。

那些好运连连之人，并非运气所致，乃是准备、计划与积极思想为其带来美好景致。再看那些所谓“运气不佳”之人，背后皆有明晰成因。成功者能直面挫折，从失败中汲取教训，再创良机。平庸者往往就此一蹶不振。人绝不可能仅凭运气而获得成功，定要付出努力。

当然，有些人会寻找借口来解释他们的失败，这些借口包括身体健康问题、出身背景和人际关系等。

富兰克林·罗斯福就是一个很好的例子，他从小患有小儿麻痹症，并导致下身瘫痪，但他从不找借口，相反，他以勇气、信心和坚忍的意志面对一切挑战，连任四届美国总统。他的成功故事不仅在美国历史上留下了辉煌的一页，也在人类历史上写下了光辉的一章。

其实，借口乃思想之病，染此重疾者皆为失败者。越成功之人越不找借口，处处亨通者与无所作为者最大差异在于借口。

在第二次世界大战之际的著名将领蒙哥马利元帅于其回忆录《我所知晓的二战》里提及一个故事，他曾把所有符合条件的候选人召集到一起，给他们出个要他们去解决的问题，说：“诸位，我要在仓库后头挖一条战壕，长 8 英尺[①]，宽 3 英尺，深 6 英

① 英尺：英美制长度单位，1 英尺合 0.3048 米。

寸[①]。”说完便解散。而后他走进仓库，透过窗户观察他们。

他瞧见军官们把锹与镐皆放置于仓库后方之地，便开始议论他为何要他们挖这般浅的战壕。有人称 6 英寸尚不足以作火炮掩体，也有人争论这般战壕或过热或过冷，还有人埋怨他们的军官，此类体力活本应是普通士兵的事。最后，有一人大声道：“待我们将战壕挖好便离开此处，那老家伙想用它作甚，随他去吧！”

最后，蒙哥马利写道：“那个家伙得到了提拔，我必须挑选不找任何借口去努力的人，万声叹息抵不上一个真正的开始。不怕晚开始，就怕不开始。没有第一步，就不会有万里长征；没有播种，就不会有收获；没有开始，就不会有进步。因此，千万不要找借口，再困难的事只要尝试去做，也比推辞不做强。”

那些擅于找寻借口之人，乃是懦弱者行为，毕竟借口是滋生失败的根源。一旦失败者觅得所谓“优良”借口，便紧抓不放，常凭此借口向自身及他人阐释为何无法前行、成功。起初尚知借口存在谎言成分，反复运用后愈发坚信其为无法成功的真因，致大脑怠惰僵化，努力获取胜利的动力消失。但他们始终不愿承认自己热衷于找寻借口。

99% 的失败都是因为惯于找寻借口，借口把绝大多数的人挡在了成功大门之外。

余生，走出舒适区。人无远虑，必有近忧，别为自己做任何没有必要的辩解，不要找任何借口，你只要行动起来。

---

① 英寸：英美制长度单位，1 英寸等于 1 英尺的 1/12。

5 生于忧患，死于安乐

孟子云：生于忧患，死于安乐。

这句话提醒我们，人无论何时，都需要有忧患意识、风险意识和危机意识，要有紧迫感。处逆境，人都会有紧迫感，但处顺境，人容易忘乎所以，容易飘飘然，容易翘尾巴，这是风险的预兆，过犹不及，物极必反，容易乐极生悲。

生于忧患，并非强调人生的苦难本身具有价值，而是指人在面临困境时，往往能激发出内在的力量和潜能，从而得到成长和提升。忧患犹如磨刀石，不断砥砺人的意志与能力，使人变得坚韧不拔。

安逸生活的潜在危机相较于忧患，孟子又提出了“死于安乐”的警示。这并不是字面意义上的死亡，而是指人在过于舒适、没有压力的环境中容易丧失斗志，久而久之则可能导致精神的衰颓和人格的萎缩。安逸的生活看似平静无波，实则可能成为阻碍人进步、让人陷入停滞不前的温床。孟子以此警醒世人，要时刻保持清醒，避免在舒适的生活中沉沦，失去完善自我和追求卓越的动力。

柯达，世界上最大的胶卷生产商，于 2012 年选择申请破产。

柯达的失败告诉我们，世界变化有多快，忧患意识有多么重要。

作为世界上最大的胶卷生产商，柯达的曾经不可谓不辉煌，它最辉煌时，中国市场也就只有柯达一种胶卷，甚至世界上第一台数码相机就是柯达自己发明的。

这和现在的“打败你自己的不是你的同行，是跨界”理论完全不同，柯达可以说是自己打败了自己，自己研究的数码技术打败了自己的胶卷。

柯达的失败像许多大型跨国企业一样，商业帝国在一朝间轰然倒塌，到现在依然为人津津乐道的诺基亚手机帝国不也是这样吗？

柯达在明知数码技术发展迅速的情况下，仍然坚持自己大量发展胶卷业务，希望以其巨大的经济体量，以其自身在胶卷行业的领先地位来对抗世界的变化，其结果自然是头破血流。

从中我们可以看出，柯达并没有足够的忧患意识，乃至在自身坐拥千余项数码技术专利的情况下，仍然坚持数码技术是为胶卷服务的，在面对变化时不顺应时代的变化，其结果自然也是令人唏嘘。命运正当荣华显贵时，应该常作失意潦倒想。

人人都会在贫贱时做美梦，幻想自己以后会飞黄腾达名扬天下；却很少有人在正是荣华富贵时居安思危，设想自己有一天会败落难堪。

我们常说“富不过三代”，就是因为没有忧患意识，没有远见，造成他们的下一代养尊处优。

富贵不知乐业，贫穷难耐凄凉。

人无远虑，必有近忧。所以处顺境时，人还是要做长远打算和谋划，因为世事变化无常，不要等风险来临时不知所措。

我们总是喜欢去寻找自己熟悉的事情，总是习惯于去寻找自己的舒适区，实际上并没有舒适区，舒适区只是暂时存在的，短时间内存在的，一段时间之后，舒适区就会不复存在。我们要认清这一点，事情总在不断变化，最好的就是要做到未雨绸缪，做不到未雨绸缪的话，我们也要具有相应的忧患意识。

因为可能某一天，我们一觉醒来这一切都会发生改变，我们的舒适或者我们的优势可能是瞬间不复存在的，这不是危言耸听，这很大程度上就是现实。

忧患意识落实不到行动上，就是假忧患，忧患意识再强也无济于事。

二战之前，马其诺防线耗资近 50 亿法郎，修建的边境防御工事长达 700 公里，后来每每提及，大家都评价它一无是处。事实上，正是因为德军在马其诺防线面前多次铩羽而归，才不得不另辟蹊径，在偏远的阿登地区迂回突袭。如果法军不修这道防线，让正面战场完全裸露在德军的铁蹄之下，那法国沦陷得更快。

丘吉尔曾说：“如果我们事先做好了充分准备而战争没有爆发，我们失去的可能只是黄金。但如果我们事先没有做好准备而战争爆发了，我们失去的将是整个大英帝国。”

第三章

接受挑战不服输——你我皆黑马

乾坤未定，你我皆黑马。

未来可期，我命由我不由天。

人生之路，无论遇到多大的失败与沮丧，既然选择了，就要永不放弃，勇于接受挑战，不到最后一刻，为什么要轻易服输？

1 不向失败低头，成功近在咫尺

用一双慧眼穿岁月风尘去觅灿烂星星，用坚心越荆棘生活去触未来辉煌，总之莫向失败低头，成功便离你不远。

曾有两个罪犯，他们从狱中望向窗外，一个看到的是破烂不堪，满目泥土；一个看到的是高楼大厦，星光万点。面对同样的遭遇，前者持悲观失望的灰色，看到的自然是满目苍凉、了无生气；而后者持积极乐观的红色，看到的自然是星光万点、生机勃勃。

人生就像一趟旅行，沿途有数不尽的坎坷泥泞，也有看不完的春花秋月。如果我们的一颗心老是被灰暗的风尘所覆盖，干涸了心泉，黯淡了目光，失去了生机，丧失了斗志，我们的人生轨迹焉能美好？又能成就什么大事？如果能勇敢面对挑战，哪怕身处逆境、四面楚歌，也一定会有“山重水复疑无路，柳暗花明又一村”的转折点。

当然，每个人的人生际遇不尽相同，但命运对任何人都是公平的。窗外有土也有星，就看你能不能磨砺一颗坚强的心，看到未来的希望。先不要说生活如何对待你，而是应该先问一问自己，你如何对待生活。

失败，可以说是个非常可怕的词，它让你原本富裕的生活走向一无所有。对失败的畏惧在所难免，也是极正常的心理状态，但是一味陷入这种恐惧之中也不是办法，我们要想办法克服这种有害无益的想法。

如果你正在为失败焦虑不安，而又如此渴望成功，那么，看看爱迪生的故事，或许对你会有所帮助。

爱迪生辉煌的一生，经由他独具匠心的发明工厂，持续不断地开拓出了众多规模达数十亿美元的领域：电气领域大放异彩，电影领域崭露头角，通信领域独树一帜，电池领域成果斐然，录音领域成就非凡。这究竟是怎样的一种概念呢？倘若放在当今时代，那简直就等同于集埃隆·马斯克、杰夫·贝佐斯、马克·扎克伯格等一众伟大成就于一身的卓越创新者。

在爱迪生发明灯泡失败了很多次，当用千余种材料做灯丝时，助手劝其放弃：“你已经失败了一千多次了，成功已经变得渺茫，还是放弃吧！”但爱迪生却说：“到现在我的收获还不错，起码我发现有一千多种材料不能做灯丝。”

在 13 个月持续努力中，爱迪生用六千多种材料试，做了七千多次试验，首次成功让电灯亮了45 小时，后经七千多次实验终成功。试想，若爱迪生放弃，我们夜晚还在点煤油灯。爱迪生每次实验失败都是挫折，算下来发明电灯遇七千多次挫折，这失败数目惊人！

在生活中，失败是使我们的各种计划更趋完善的一种方式。比如你正在实施一项减肥计划，成功促使你不断地坚持下去。在最初的两个月里，你平均每周能减轻两磅[①]。可后来情况发生了变化。你又反弹了一磅。这一小小的倒退是帮你完善你的减肥计划的重要一环。只要你从此更加注意自己热量的摄入，坚持锻炼，你的体重会再次下降的。

失败、风险与变革皆为个人成长及事业发展的关键要素。若不敢直面失败，便很难前行。众人皆有失败时，关键在于犯错后及时认错并思考如何弥补，莫被失败所困，花时间寻找到失败原因并汲取教训。若无法摆脱失败的影响，你便会止步不前。

① 磅，英美制质量或重量单位，1 磅合计 0.4536 千克。

2 人生没有绝境，只有绝望的人

绝境可以击垮甚至毁掉一个人，包括他的梦想、他的生命。如果你不轻易低头和服输，绝境乃是你做大事的最肥沃土壤，绝境是你成为天才的晋身之阶。

保罗·迪克从祖父手中继承美丽的“森林庄园”不久，一场雷电引发的山火，把庄园化为灰烬。面对焦黑的树桩，满地的灰尘，保罗欲哭无泪，年轻的他怎么忍心百年基业毁于一旦，他决定倾其所有重建庄园，于是他向银行提交了贷款申请，但被银行无情地拒绝了。他四处求亲告友，依然是一无所获……

能想的办法全都想过了，保罗始终找不到一条出路，他的心在无尽的黑暗中挣扎。他知道，以后再也看不到那郁郁葱葱的树林了。为此，他闭门不出，茶饭不思，眼睛熬出了血丝，精神到了崩溃的边缘。

一个月以后，年已古稀的外祖母获悉此事，鼓励保罗说：“小伙子，庄园成了废墟并不可怕，可怕的是你的眼睛失去了光泽，一天天老去，一双老去的眼睛，怎么可能看得见希望呢？”

保罗在外祖母的劝说下走出了庄园，走上了深秋的街道，他漫无目的地闲逛着，在街道的拐角处，看见一家店铺的门前人头攒动，他探头观看，见一些家庭妇女正排队购买木炭。躺在纸箱里的木炭忽然让保罗眼睛一亮，他看到了新的希望。

接下来的两个星期，保罗雇了几名烧炭工，将庄园烧焦的树加工成优质的木炭，分装成一箱箱，送到集市上的木炭经销店。结果木炭被一抢而空，他得到了一笔不菲的收入。不久，他又购买了一大批新树苗，一个新的庄园又初具规模。

几年以后，“森林庄园”再度绿意盎然。

有很多人之所以不能成功，并不是因为缺少智慧，而是面对事情的艰难没有坚持下去的勇气，他们认为已陷入绝境，成了绝望的人。

对年轻的保罗来说，当他擦亮自己的双眼后，生活的道路便重新展现在面前。人生如逆旅，只要心中还有一线希望，无论遇到怎样的不幸，身受多大的灾难，脚下总会有路。

生活中，我们总会遭遇各种挫折和困难，甚至可能陷入绝望的境地。但是，我们必须明白一点：没有绝望的处境，只有强大的心境。

德国有一句著名的名言：“逆境是成长的机会。”这意味着我们需要学会从困难中吸取经验和教训，从而更好地成长和发展。

我们不能逃避挑战，也不能被挑战打倒。相反，我们应该积极去面对，充满勇气去迎接挑战。

凡事认真点、大胆点，把你的想法实施下去，人生从来没有真正的“绝境”，无论黑夜多么漫漫，第二天，朝阳总会冉冉升起；无论风雪怎样疯狂肆虐，春风终会缓缓吹拂。

3 断绝所有后路，破釜沉舟方为强

断绝你所有可能的退路，才能让自己无后顾之忧，无牵无挂，一门心思全力以赴地去追求成功。

恺撒在没有掌权之前，是一位出色的军事将领。

有一次，他奉命率领舰队前去征服英伦诸岛，在出发前，他发现一个严重的问题，随船远征的士兵少得可怜，武装配备也残破不堪，以这样的军力征服骁勇善战的盎格鲁－撒克逊人，无异于以卵击石。

但恺撒没有退缩，还是决定启程。

舰队到达目的地后，恺撒等候所有兵丁全数下船，计上心来：立即命令亲信部属一把火将所有的战舰烧毁。同时召集全体战士训话，明确告诉他们：战船已经烧毁，所以大伙儿只有两种选择，一是勉强应战，如果打不过勇猛的敌人，后退无路，只得被战死或被赶入海中喂鱼；二是不管军力、武器、补给的不足，奋勇向前，攻下该岛，则人人皆有活命的机会。

士兵们抱定必胜的决心，在战场上所向披靡，终于攻克强敌，而恺撒也因这次成功的战役，奠定日后掌权的基础。

恺撒的领导智慧，在中国古代也有类似的故事。“破釜沉舟”的确是最能激励人心的方式之一。

大多数成功人士之所以成功，都由于他能够专心致志于他所努力欲成就的目标上。为了达成目标，他能舍弃一切与他成功之路无关的事物，目光只锁定他的目标。

这种强烈的成功意志，对普通人也是适合的，所以，我们不妨学习恺撒大帝火烧战船断绝后路的方式来激励自我，做到全力以赴。

如果你现在很穷，万念俱灰，你越要看清所有阻碍你变有钱的事物，诸如拖延、怠惰、消极意识等，接着，你必须立下一个坚定的决心，除去这些所有的障碍物，断绝所有可退之路，去大胆冒险。唯有如此，才能够保证渴望赚钱的愿望，如同求生的本能一般迫切而强烈，而这种本能将引导你变得富有。

现在，你将纷乱的思绪暂时放下，静心省思，有哪些事物阻碍在通往成功的路上？

如果确知自己完全无路可退，再怯懦的人，也能立刻成为最英勇的战士。那么，如果你是一个胸怀大志之人，请你不要再犹豫，断绝所有的后路。破釜沉舟才能成为强者。

4 打破瓶颈，迈过心中那道坎

举重项目中的挺举，存在着这样一种说法，即“500 磅（约 227 千克）之瓶颈”。要知道，就人体的体力极限而言，500 磅着实是难以逾越的艰难瓶颈。499 磅纪录保持者巴雷里，其比赛时所用杠铃，只因工作人员失误，实则超出了 500 磅。此消息一出，世界上六位举重强手瞬间便举起了那始终未能突破的 500 磅杠铃。

有一位撑竿跳的选手，一直苦练都无法越过某一个高度，他失望地对教练说：“我实在跳不过去。”

教练问：“你心里在想什么？”

他说：“我一冲到起跳线时，看到那个高度，就觉得我跳不过去。”

教练告诉他：“你一定可以跳过去。把你的心从竿上摔过去，你的身子也一定会跟着过去。”

他撑起竿又跳了一次，果然跃过，他打破了心中的瓶颈。

你相信你是一匹黑马，你就可以超越困难，可以突破阻挠，可以粉碎障碍，达成你的期望。

“瓶颈”是什么？

举个简单的例子，如果有个人拿着每月 5000 元薪资之际，你告知他努力表现，可以拿到月薪 8000 元，那此人定会竭尽全力地去展现自我，奋力争取 8000 元月薪。

从 5000 元迈向 8000 元，他压根儿就不会察觉到存在瓶颈，反倒会努力去填补那 3000 元的差距，从而激发出极为强大的动力。

而一旦真的实现了 8000 元月薪，他的愉悦感不会持续太久，因为实现目标后却找不到下一个“3000 元”差距，他开始茫然，感受到瓶颈的存在。

所以，瓶颈是你达到一定状态后，一直停留着，因为不知道下一个状态是什么，或者不知道能否达到下一个理想的状态。

职场中也是如此，多数人在经历了职场初期的发展后，就陷入无力突破或者无处突破的状态，无法脱离现状去获得更好的状态。

正如在少林寺落发为僧的著名漫画家蔡志忠先生所讲：“人生并不是只要埋头努力就能成功，否则成功的人太多了。人生其实像在爬台阶，每一阶有每一阶的问题，只有解决了一个台阶的问题，才能走上另一个台阶。”

如果你试图用解决上一个台阶的方式来赢得下一个台阶，那就会陷入瓶颈。

什么能力最能帮助我们去不断打破瓶颈，获得持续的发展呢？

是问题解决力，拥有这项能力，我们就能不断解决不同阶段的问题，并寻找更高的目标，就像薪酬一样，能找到不断提升的路径。

所以我们经常说：没有问题就是最大的问题！

请记住以下四句话：

不能发现问题的人一定没有责任心；

不能发现问题的人一定是能力不足；

没有问题就是目标定低了；

没有问题就是标准定低了。

如果你连问题都没有整理清楚，那还怎么去打破瓶颈？这恰恰是多数人着急提升自己解决问题的能力，却又总是忽略的地方。

问题是多种多样的，专业能力解决专业的问题，但还有相当部分的问题需要去系统化思考，把问题变得更清楚，人们总是把解决问题的压力放到专业能力上，殊不知最重要的地方在于：你必须相信，问题一定能够解决。

人人心中都有一道坎儿，坎儿的高度是个很模糊的概念，只是大多数人热衷于或者是宁愿望着那道槛儿打发重复的时光，殊不知抬一下腿迈过去，就能打破瓶颈，领略无限风光。

5 战胜恐惧，人要靠自己

有人一碰到困难就变得恐惧，忙着向别人讨要答案，这仅能证明你心里的恐惧多于困难本身带给你的恐惧，而这些恐惧才是你做事失败的真正原因。

一个人在森林中迷了路，天色渐渐暗了，眼看夜幕即将笼罩，黑暗的恐惧和危险一步步逼近。他心里明白：只要一步走错，就有掉入深坑或陷入泥沼的危险，甚至于有潜伏在树丛后面饥饿的野兽，一场狂风暴雨式的恐怖威胁着他，侵袭着他。万籁无声，对他来说是一片死前的寂静和孤单。

这时，凄暗的夜空中几颗微弱的星光一闪一闪，似乎带来了一线光明，却又不时地消失在黑暗里，留给人迷茫。

突然间，眼前出现一个流浪汉踽踽在途中，他不禁欢喜雀跃，上前叫住，探询出去的路途。这位陌生的流浪汉很友善地答应帮助他。二人结伴而行，走呀走！他发现这位陌生人和他一样迷了路。于是他失望地离开了这位迷途的陌生伙伴，再一次回到自己的路线上来。

不久，他又碰上了第二个陌生人，那人肯定地说他拥有逃出森林精确的地图，他再跟随这个新的向导，又发现是一个自欺欺人的人，他的地图只不过是他自我欺骗情绪的结果而已。于是他陷入深沉的绝望中，他曾经竭力问他们有关走出森林的知识，但他们的眼神后面隐藏着忧虑和不安，他知道：他们和他一样迷茫。他漫无目的地走着，一路的惊慌和失误，使他由彷徨、失落而恐惧。无意间，当他把手插入口袋时，找到了一张正确的地图。

他若有所悟地笑了：原来它始终就在这里，只要往自己身上去寻找就行了。从前他太忙，忙着询问别人，反而忽略了最重要的事——回到自己身上去找。

如同这位迷路者，你天生具有一份内在的地图，指引你离开忧虑和沮丧的黑森林。这个故事告诉我们，情绪性的恐惧是多余的。任何人告诉你别的，那他一定没有找到他自己。

解除胆小怕事的办法是靠自己的能力去解除心中的恐惧，不能随便听信他人，不要因为他自称知道解决问题的办法，就放弃自我明智的追寻，甚至委屈了自己。

保罗·泰利斯博士指出："在每个令人怀疑的深坑里，虽然感到绝望，我们对真理追求的热情，依旧不停地存在。不要放弃自己，而去依赖别人，纵使别人能解除你对真理的焦虑。不要因诱惑而导入一个不属于你自己的真理。"

所以，尽管生活会遇到不如意的事，但只要善于把握自己并明白以下几点，是可以战胜困难的。

首先，不要把忧虑和恐惧隐藏在心中。当有忧虑与不安时，不要深藏在心里不肯说出来。坦白地讲出来，可以从心理上找到一条出路，有助于恢复头脑理智，把忧虑除去，同时找出消除忧虑、抵抗恐惧的方法。

其次，不要胆小怕事。人遇到难事时，往往是成功的先兆，只有不怕困难的人，才可以战胜恐惧。

很多时候，我们之所以不敢去直面困难，不能战胜原本可以解决的问题，不能找到一个成功的突破口，那是因为有太多不必要的多余的恐惧。所以遇到困难时，先不要着急去问别人，要冷静下来问自己要答案。

6 别人不敢做的，你敢做！

想别人想不到的，活跃的思维就会成就辉煌的人生；做别人做不到的，人生路上就会出现成功的奇迹。

第二次世界大战之后，是美国的经济平稳、快速的发展时期。大多数美国人也开始利用这一段有利时机大力发展自己的事业。

在这种背景下，威尔逊从军队退役回家，正在家乡做着小商品零售业务，但由于经营不得法，生意很不好，在短短的一年中，他已赔掉了十几万美元。

有一天，心情极度沮丧的威尔逊正在孟菲斯市郊区散步。突然，他看到这里有一块荒废的土地，由于地势低洼，既不宜于耕种，也不宜于盖房子，所以无人问津。就在这时，一个绝佳的投资计划在他的头脑中形成了。于是，他连忙向当地土地管理部门打听，看看能否以低价收购这块土地。

得到有关部门的肯定答复之后，他立即结束了自己零售商的业务，以低廉的价格买进这块低洼的地皮。

可是，包括他母亲在内，所有的亲朋好友都对他买进这样的一块地皮表示怀疑。他们对威尔逊说："我们不了解你这样做的用意究竟何在？”

“我不太会做零售生意，”威尔逊说，“我想再干我的老本行——盖房子。”

“做你的老本行我不反对，”他母亲也在一旁插嘴说，“可是，像你这样乱投资，买这块地皮简直是毫无道理。虽说价钱的确很便宜，但买下这样的一块废弃而毫无价值的土地在手上，再便宜又有什么用呢？况且那块地皮太大，整个算起来也要花不少的钱，利息的负担也是一笔很大的损失。”

“亲爱的妈妈，这种事我无法向您解说，请您不要再操心了。我做了这么多年的生意，我的判断不会比您差，终有一天，您会了解我的做法。”

“我倒不是干涉你的决定。”母亲接着说，“我只是提醒你，你的资金不多，要做最有效地利用。”

“是啊，”威尔逊的太太也在一旁帮腔，“你已经赔掉了十几万美元了，不能再胡乱冒险，难道我们这么多人的智慧都不如你一个人？”

“这不是人多少的问题，亲爱的，”威尔逊笑着说，“因为你们都太不懂这一行生意，所以说的大都是外行话。就像你常跟孩子们说的故事中那个所罗门王一样，他一个人的智慧大，还是大家的智慧大？”

“你又要讲歪理了，”他的太太被他逗乐了，也笑着说，“可惜你不是所罗门王。”

“在你们当中，谈地皮造房子，我就是所罗门王。”

“反正你决定的事，别人想反对也是白搭。”他母亲接过话头，叹息着说，“你小时候就是这个样子，不知你哪一年才能改得缓和一点，听听你老婆的话？”

亲友们都起哄般地笑了起来，年轻的威尔逊太太羞红了脸，低垂下头。

“我要是不听她的话，她怎么会跟我结婚？”威尔逊打趣地说。

亲友们被他逗得更乐了，在笑声中，一场争执云消雾散。三年之后，事实证明了威尔逊这次的投资是何等正确。

战后美国经济的繁荣，使孟菲斯市的人口大增，市区也迅速扩建起来。威尔逊买的那块地皮成了城市主干线延伸后的黄金地带，这时候人们才看出此地的环境是如何优美。

宽阔的密西西比河从它旁边流过，望着那滚滚逝去的流水，再颓丧也会被大自然雄奇壮丽的景色激起满腔的雄壮豪迈之情。

威尔逊的这块地皮此时已身价百倍，但他并不急于脱手，也未在上面建造房屋，这似乎又是一个令人莫测高深的做法。

他的太太实在沉不住气了，私下里问他：“这块地皮你究竟做何打算？就这样摆在那里总不是长远之计吧？”

“我知道。”威尔逊说，“可是，到现在为止，我还没有想出一个适当的利用方式来，因为那地方实在是太美了。”

“为什么不盖公寓楼，然后出售呢？”

“那太可惜了。”威尔逊说，“你想想看，如果在孟菲斯市进口的地方盖上一座公寓，住进一些三教九流的人物，对这个都市不是一种羞辱吗？我想，我要做的事，应当是既对得起自己，又对公众有益的事。”

“你想得太多，”威尔逊太太笑着说，“我不再催促你赶快将这块地处理掉了，我突然觉得我对这块地发生了一些微妙的感情，我相信你会最终做出最适当的处置。”

夫妇之间，最难得的就是这种“超越言语”之外的了解，难怪威尔逊跟他太太的感情会始终融洽无间。因为随着时间的流逝，他们彼此之间已到了心领神会的地步。

不久，威尔逊终于在这个地方创办了著名的假日旅馆。

在他看来，住惯了高楼大厦、吃腻了加工食品的城市居民们，大都有厌烦都市生活的心理，因此他们乐于在节假日期间回到大自然的怀抱中，呼吸一些新鲜空气，一面观赏大自然的美丽风光，一面在这青山绿水之间放松自己疲惫的身心。

而在威尔逊的假日旅馆中，他为人们提供的是具有浓郁乡土气息的地道的农庄建筑，再加上农家生产的蔬菜、瓜果等食品，都为久居都市的人带来一股清新的气息。

因此，假日旅馆一诞生就受到了人们热烈的欢迎，很快，威尔逊首创的这家假日旅馆就发展到相当大的规模，也为他自己带来了巨大的经济利益。威尔逊也实现了自己的诺言，既方便了他人，又为自己带来了利润。

在瞬息万变的人生中，有利的机会随时可能变为不利，不利的机会也有可能在短时间内变为有利。关键在于你是否够大胆：别人不敢想的，你敢想，别人不敢做的，你敢做，同时，自信而不固执，冒险而不冲动，执着而不盲目。

7 挑战极限，人类精英都是冒险家

“为什么要爬山？”

“因为山就在那里。”

——这是英国著名登山家乔治 ·马洛里在被问及为何想要攀登珠穆朗玛峰时的回答。

在现实生活中，探险活动早就不是那些职业冒险家的专属，到险峻的大自然里放逐心灵，已经成为所有都市人向往的“生活解药”。

登山、潜水、航海、滑翔，甚至是摘取探险世界最崇高的“7+2”的荣耀，越来越多的人开始尝试着突破自我，在冒险活动中释放自己内心的能量。

不过，你有没有发现？在这些人中，有了越来越多企业家的身影。

例如王石，他保持了以最大年龄登上珠穆朗玛峰的世界纪录。

甲骨文软件公司 CEO 拉里·埃里森乃福布斯富豪榜第五名，2015 年净资产达 3500 亿元人民币之巨。他对帆船运动痴迷，曾自身参赛并获美洲杯帆船赛冠军。

很多有一定成就的人都是冒险家，因为爱冒险，所以有勇气和毅力去做更多有挑战的事情，并且还做成了很多有挑战的事情，从而在其他领域也喜欢做一些冒险的事情。这两者之间的关系，是充分还是必要条件不得而知，但是冒险和去做有挑战的事情，一定是有某些关联的。

维珍集团的创始人理查德·布兰森就是一个冒险家，他喜欢各种极限运动，驾驶热气球飞越太平洋时，遇到非常多的困难，但是他依然完成了任务。在他很小的时候，还不会游泳，但是他为了在暑假结束时学会游泳，直接跳进了水里，放手一搏，在惊涛骇浪中虽然很危险，即使自己不会游泳，也愿意去挑战，最后他成功了。

我想，人就是有了这种不顾一切、奋力拼搏的勇气，才让自己获得了更多的机会。一般人遇到危险，或者极限，也就到此作罢了。但是一念之间，如果你愿意去对未知的状况奋不顾身地发起挑战，你就赢得了先机，从意识和行动上超过了大多数人。

多去挑战一些不可能，关键时候你就能舍弃一切杂念勇往直前，抓住重要机会，取得常人难以企及的成就。

实际上，众多的企业家皆有与生俱来的冒险精神，他们敢于去做他人不敢做的事情。这恰恰是企业家与冒险家两种身份所共通的关键之处：二者皆勇于去探索未知领域，在面临危险与挑战之际皆怀有一颗强大的心。

商业决策宛如冒险活动一般，始终会存在着困境与死角。一味地墨守成规绝非通往成功的捷径，唯有充分发挥主观能动性，果敢地去寻觅全新的道路，才能找到新的出路。

做企业实则是极限冒险，他人守利时，有冒险精神的企业家已将触角渗入各个领域。

登顶山峰与拿下项目快感相同，带领团队寻高难目标是高效实现价值之法。并非所有企业家都有精力热衷于户外运动，其冒险精神也体现在其他方面，如扎克伯格将热情洒在跑步事业上，半年完成整年计划；巴菲特热爱跑步，从 64 岁 到 85 岁每日坚持一小时。

第四章

培养良好心态
——我选择自信乐观

生活恰似一面明镜，你若皱眉以视，它亦皱眉瞧你；你若含笑对之，它亦含笑待你。

拥有良好心态，生活方能张弛有度，更显舒心。

开心也好，不开心也罢，心宽则生活如糖甜，纠结则生活似嚼蜡。

西方有谚云：“不烦恼、不生气、不用血压计。”

1 选择积极心态，它是成功的开端

没有谁能够决定整个世界，但人人都能决定自己的心态。你的心理、思想、感情、精神完全由你的心态创造。

普天之下，芸芸众生，谁都不甘于平庸，谁都想出类拔萃、渴望成功，但又不得不面对一个现实：在这个世界上，成功卓越者少，失败平庸者多。成功的人自信、洒脱，而失败的人自卑、空虚。造成这个结果不同的原因在于他们的心态。成功者始终用积极的心态、乐观的精神和丰富的经验去支配自己的人生，于是不断提升自己，不断前进，直至达到自己预想的目标。而失败人士则用悲观的心态去想事，因为不自信导致各种失败。

一件事成功与否取决于心态，心态积极，事情还没开始做，就成功一半了，成功的起点就是你的心态。

积极心态具有惊人的力量：它能创造财富，创造健康和快乐，创造成功；它能获得朋友，消除烦恼；它能使你的人生充满辉煌。

所以要想拥有好的积极的心态，就必须好好选择，大胆做自己。

肯德基创始人桑德斯上校在 65 岁时穷困潦倒孤身一人，拿到 105 美元救济金支票时满心沮丧，平和地自问：“到底我对人们能做出何种贡献呢？我有什么可以回馈的呢？”

他思量起自己的所有，试图找到可为之处，头一个浮上心头的是：“很好，我拥有一份人人都喜欢的炸鸡秘方，不知餐馆要不要？我这么做是否划算？”随即他又想，“要是我卖这份炸鸡秘方，同时还教他们怎样炸得更好，这会怎么样呢？如果餐馆的生意因此而提升的话，那又该如何呢？如果上门的顾客增加，而且指名要点用炸鸡，或许餐馆会让我从其中抽成也说不定。”

桑德斯上校觉得他想的点子不错，于是开始付诸行动。

他挨家挨户地敲门，把想法告诉每家餐馆：“我有一份上好的炸鸡秘方，如果你能采用，相信生意一定能够提升，而我希望能从增加的营业额里抽成……”

大家都当面嘲笑他：“得了吧，老家伙，若是有这么好的秘方，你干吗还穿这么可笑的白色服装？”

无数次的打击，是否让桑德斯上校打退堂鼓了呢？

没有！

因为他还拥有天字第一号的成功秘方——“能力法则”，意思是“不断地拿出行动”：在你做任何事时，必须好好学习，找出下次能做得更好的方法。桑德斯上校确实奉行了这条法则，从不为前一家餐馆的拒绝而懊恼，反倒用心修正说辞，以更有效的方法去说服下一家餐馆，桑德斯上校的点子最终被接受。

你可知先前他被拒绝了多少次吗？

1009 次。

在整整1009次之后，他才听到了第一声“同意”。在推销的两年里，他驾着那辆又旧又破的老爷车，足迹遍及美国每一个角落，困了就和衣睡在后座上，醒来逢人就诉说他的那些点子。为人示范所炸的鸡肉，成了他果腹的餐点，匆匆便解决了一顿。

看看历史上那些成大功、立大业的人物，他们都有一个共同的特点：拥有积极的心态，不轻易被“拒绝”打败，不达成他们的理想、目标、心愿，他们绝不罢休。

从心理学的角度分析，当一个人拥有了积极的心态后，他就树立起了人生的信念。有了信念就很有信心，有了信心，工作时就很快乐，快乐地工作，就会有成绩，有成绩，信念则会愈发坚定，随之心态也会更为积极。

心态—信念—工作、工作—信念—心态之间就形成了一种良性循环。相反，当你的心态消极时，你会对你自身和你的工作失去信念，没有了信念也就没有了干劲，身上原有的能力也会因你信念的消失而消失，工作也会越来越做不好，人生也会越来越不顺心，工作越难，人生越不顺心，信念就越不坚定；信念不坚定，胆子就越小，心态就越差。无形之中就形成了一种恶性循环。

这两种循环都是情绪和行为相对应的一种反应。两种循环都取决于人的心态。前一种循环通往成功，后一种循环导致失败。

2 相信自己——信念能创造奇迹

信念犹如璀璨星辰般，任何人皆可毫无代价地获取。相信自己，笃信信念。信念乃是一切伟大奇迹的起点，纵观古今中外那些成就非凡大事之人，无不是从极为微小却又无比强大的信念开启征程。

罗杰·罗尔斯是美国纽约州首位黑人州长，生于声名狼藉的大沙头贫民窟。这里环境脏乱，暴力横行，是偷渡者和流浪汉聚集地。在此出生的孩子，多有逃学、打架、偷窃，甚至吸毒等不良行为，长大后从事体面职业者少。而罗杰·罗尔斯是个例外，他不仅考入大学，后来还成了州长。

在就职记者招待会上，一位记者向他提问：是什么把你推向州长宝座的？面对 300 多名记者，罗尔斯对自己的奋斗史只字未提，只谈到了他上小学时的校长——皮尔·保罗。

1961 年，皮尔·保罗任诺必塔小学董事兼校长。当时美国嬉皮士流行，他到校后发现穷孩子比“迷惘的一代”更无所事事，不合作、旷课斗殴还砸黑板，想办法引导都没用，后来他发现孩子迷信，就上课看手相鼓励学生。

当罗尔斯从窗台跳下，伸着手走向讲台，皮尔·保罗说：“看你小拇指，将来是纽约州州长。”罗尔斯惊了，奶奶说他能当船长，校长竟然说他能当州长，他记下并相信了。

从那以后，“纽约州州长”就成了罗尔斯的信念，像一面旗帜，鼓励着他，他的衣服不再沾满泥土，说话也不再夹杂着污言秽语。他走路挺直腰杆，每一天都按州长的身份来要求自己。

51 岁那年，他实现了他的州长梦。

英国诗人威廉・埃内斯特・亨利曾写过这样的诗句：“我是命运的主人，我主宰自己的心灵。”

没错，唯有你才是自身命运的主宰，唯有你可掌控自身的心态，而你的心态将铸就自身的未来，这乃是一条普遍的法则。我们能够将根植于人们心灵中的思想与态度转化为有形的现实，无论那思想态度为何。我们既能迅速将贫穷的思想变为现实，亦能同样快速将富裕的思想化为现实。

有些人或许会问：老天待我不公，我有生理缺陷，那该咋办？若你属于“不幸者”之列，就想想海伦・凯勒的经历！还有谁比又聋又哑又瞎的女孩更不幸？可她成了美国著名作家。

无论你生理上有无残疾，无论你是少年还是中年人，皆能从中获得以下启示：那些怀有强烈愿望以达崇高目标之人，方可迈向伟大；那些坚信自身、怀揣信念且持续努力之人，方能取得成功；于人类各类活动中，要想成功，务必实践再实践；当确立特殊目标后，努力劳作便成乐事；对被积极心态激励、渴望成功之人而言，遇到任何逆境，皆会生出等量乃至更大利益的种子。

是的，一个拥有信念的人，只要你坚信自己能做到，你就一定能做到，因为能打败你的只有你自己，而能挽救并成就你辉煌的人也只有你自己！

3 简单心态——做精神漫步者

古人有云："没事汉，清闲人。"

追求功名利禄之人活得累，因整日思虑他人评论；追求淡然恬静之人活得简单，荣辱毁誉不放在心上，具有简单心态。

"没事"与"清闲"强调的是自由，一种精神上的自由。

"泽雉十步一啄，百步一饮，不蕲畜乎樊中，神虽王，不善也。"意思是说，林中山鸡宁愿走十步或百步去寻觅食物，也不愿被关在笼子里做家鸡；帝王虽然无比神圣，却并不一定全是好的。

这与西方的"存在主义"代表人物萨特不谋而合。萨特在《苍蝇》剧本中，说道："神与国王都有痛苦的秘密，那就是——人类是自由的。"

诚如卢梭所说："在所有的一切财富中最为可贵的不是权威而是自由，真正自由的人，只想他能够得到的东西，只做他喜欢做的事情。""放弃自己的自由，就是放弃自己做人的资格，放弃人的权利，甚至于放弃自己的义务。"

当然，自由不是无所顾忌，不是随心所欲，任何自由都有规则与限度，所谓"绝对的自由世界"，那是子虚乌有。

归根结底，自由实则是顺遂心意且尽情尽兴，做到顺心尽兴，而非酒色财气、吃喝嫖赌之类。自由之人应当怀有追求，不贪心，心性不可过于膨胀，要懂得奉献，但不亏心；要顺遂平和，但决不可违背本心，不同流合污。所谓的有追求而不贪心，心性不可太盛，人生无论是宏大的目标还是微小的事物，总归是要追求着什么，毫无所求之人寥寥无几，适当的物质追求也是天经地义。

即便功名利禄，只要是努力得来的，完全可以坦然受之。只要不过度追求，无止境地追逐，甚至将其当作人格与价值追求，就没什么大不了的。即便某次职称评定、调级或提干未能如愿，甚至存在明显不公，也切勿耿耿于怀、劳神伤心而穷追不舍，乃至放肆撒泼。这般既失颜面，也不利于养生。

经验告诉我们，心愿与现实往往背道而驰，或是机缘巧合。你欲成为演员，诸多因素却将你定格于工人之位，成不了名“星”还得下地沟。但只要奋力拼搏，怀揣期望，持续充实自我，“金子终会闪耀”，“天生我材必有用”。“心死最为可悲”，只要不“死心”，精诚所至，金石为开，起码也获精神富足、自在翱翔于精神天地。

生活就是如此简单，只要你愿意做个“精神漫步者”。

还是卢梭说得对：“人的自由并不仅仅是在于做他愿意做的事，而在于能够做他不愿做的事。”

4 用自信心打败心中的魔鬼

一个人在遇到挫折时会有两种心态：一种是，我一定能行，这点失败算什么？另一种是，算了，认输吧，再拼恐怕也躲不过失败的厄运。这两种心态一个是天使，一个是魔鬼，而且它们也都是最真实的你，最重要的是你要小心不要被魔鬼打败。

日本有一个成绩优秀的青年，毕业后去报考一家大公司，当成绩出来时，他名落孙山。这位青年深感绝望，竟割腕自杀，还好抢救及时，自杀未遂。

不久，大公司传来消息，他的考试成绩名列榜首，是当时统计考分时，电脑出了差错，他被公司录取了。

不过，老天好像爱开玩笑，没过多久，又传来消息，说他被公司解聘了！理由是一个优秀的人，受到小小的打击便想不开，又怎能在今后的岗位上做出成绩呢？

青年在考分上击败了其他对手，可他没有打败自己心理的敌人，他惧怕失败，对自己缺乏信心，遇事给自己制造心理上的紧张和压力。

在追求成功的道路上，有人失败，有人成功。其主要原因是：

前者被心中的魔鬼打败，而后者却打败了魔鬼，成全了心中的天使。

美国歌手凯斯·黛莉，有一副好嗓子，也很想当歌星，遗憾的是嘴巴太大，还有龅牙。她第一次上台演唱时，想尽力用上嘴唇掩盖龅牙，殊不知却给听众留下滑稽可笑的感觉。一个男听众很直率地告诉她：“你有龅齿，靠上嘴唇是掩藏不了的，你应该尽情歌唱，观众在意的是你的歌声，而不是你的表情，你只要唱得好，你所介意的龅牙会为你带来好运呢！”

一个歌手在大庭广众之下暴露自己的缺陷，首先是要用理智说服自己，还要有勇气打败心中的那个有点凶悍强大的魔鬼。凯斯·黛莉接受了这位男听众的忠告，不再为牙齿而烦恼，她尽情地张开嘴巴，发挥自己的歌唱天赋，终于成为美国影视界的大明星。

若想战胜自己，靠的不是投机取巧，不是耍小聪明，而是你的自信心。

闻名遐迩的游泳名将弗洛伦丝·查德威克，曾从卡得林那岛游向加利福尼亚海湾，历经 16 小时海水浸泡，当只剩一海里望见前方大雾弥漫时，潜意识发出“何时能到彼岸”的信号，她顿感浑身乏力，丧失信心，最终被拉上小艇休息，错失打破纪录的良机。

事后，弗洛伦丝·查德威克得知，她离游到彼岸只差一海里，阻碍她成功的不是大雾，而是她心中那个可怕的魔鬼。是她自己在大雾挡住视线后，对创造新的纪录丧失了信心，这才被魔鬼所俘虏。两个多月后，她又一次重游加利福尼亚海湾，游到最后时刻，她不停告诫自己：“离彼岸只有一海里！”

潜意识发出了“这次我一定能打破纪录”的信号，她浑身来劲，最后终于实现了目标。

人有了信心，就会产生意志的力量。成功与失败之间最大的差异就在于意志力量的差异。有了意志的力量，就具备打败心中那个魔鬼的素质，就能做成这个世界上想做的任何事情。

有位作家说得好：“自己把自己说服了，是一种理智的胜利；自己被自己感动了，是一种心灵的升华；自己把自己征服了，是一种人生的成熟。大凡说服了、感动了、征服了自己的人，就有力量征服一切挫折、痛苦和不幸。”

5 乐观面对生活，让悲观见鬼去吧

不管生活怎样艰难困苦，我们都要坚信，世界是美好的，总有一束光会照进我们的心灵。保持积极乐观的心态，去面对生活中的每一次挫折。

人生说到底，活的就是一个心情。如果你活得累，那可能是因为你让太多外在的事物影响了自己的心情，学会放下，才能轻松前行。

悲观者对自己持否定态度，一遇到困难就习惯怀疑自己的能力，这种行为态度带来更多消极行为，从而更加自证预言，陷入恶性循环。他总是看到本质恶劣的一面，满肚子自私自利的动机。对悲观者而言，社会是由一群狡猾、颓废而邪恶的人组成，他们总是想利用周遭的事物为自己谋利。这群人既无法信赖，也不值得对其伸出援手。

对悲观者谈起任何计划，他立马就会提出一连串有关这个计划的麻烦与障碍。而且他还提前告诉你，即使圆满达成目标，最后只会尝到苦涩、幻灭与屈辱。经他们这样一说，你大概会立刻魂飞魄散，对自己的计划也产生怀疑。

悲观者有很强的感染力。如果某天早晨，你偶然在路上碰到他，他会立即将消极的态度与无力感传染给你。每个人的内心都有一种期待被唤醒、引诱的“倾向”。悲观者能够巧妙地掳获这种“倾向”，借此实现他的目的。

我们内心的“倾向”包括：第一，对未来的不确定与恐惧；第二，我们与生俱来的怠惰，希望待在舒适区。事实上悲观者的本质就是怠惰，他不愿努力适应新的事物，也不愿改变习惯。无论起床、用餐，以及度周末，都要依照固定的模式进行。

而且，悲观者是吝啬的。推己及人，他认为既然每个人都那么贪婪、堕落，自己又为什么要宽以待人呢？他常常深怀嫉妒，说话也酸溜溜的。

相反，与乐观者相处就快乐多了。他容易信赖别人，也愿意涉入险境。但他也能察觉别人的恶意或缺点，只是他不愿将之视为障碍而犹豫不前。他相信每个人都有优点，并努力唤醒别人的优点。

悲观者不愿听取别人的意见，认为别人都具有危险性；而乐观者关心别人，让他人畅所欲言，给他们时间，观察对方的所作所为。乐观者愿意了解每个人的长处、优点，因而得以团结、领导众人，共同朝着某个目标迈进。卓越的组织者、优秀的企业家，都具备乐观的心态。

此外，乐观者也容易克服困难。因为他们会积极寻找新的解决方法，在短时间内把不利条件转变成有利条件。悲观者则会因为一下子就看到困难而心生畏惧，退缩不前。

人生，凡事都要看得开，想得远，没有过不去的坎儿。曾以为天大的事，现在再看，也早已是轻舟已过万重山。

乐观会让你充满勇气，大胆去干，让你不容易被眼前的事情所迷惑，敢于突破舒适区，让自己获得成长和财富的积累，身心愉悦，就会吸引更多的好事来到身边。乐观的人往往充满正能量，能让你在低谷的时候看到阳光，能让你在失落的时候找到快乐。

乐观者的好心态能感染他人，让他人在重复的生活中找到乐趣，让他人在人生路上找到方向。因此，与那些天生悲观者进行比较的话，乐观者更容易获得深厚的友谊和爱情，以及良好的人际关系，尤其是在他们遭遇到人生困境时，身边来自亲朋好友的安慰和鼓舞，就会给乐观者带来更多战胜困难的勇气和底气。

一个人有什么样的心态，就会有什么样的人生。悲观是悲观者的墓志铭，乐观是乐观者的通行证。

人最怕的不是走在黑暗里，而是自己心中没有阳光。只要我们内心充满阳光和希望，即使身处黑暗中也能找到前进的方向。

每个人都有美好的梦想和追求，只要坚持不懈地努力，乐观看待事物的本质，不轻言放弃，你离成功就不远了！

有人说：“乐观是云缝中漏出的阳光，有它在，万物皆有希望。”

第五章

不做沉默的羔羊——大胆说话有诀窍

你是否因为害怕说话而错过机会？

你怕说错话，你害羞，你不敢表达，你怕受人嘲笑，所以你怕，你怕，你天天怕……机会在害怕中溜走！

而那些大胆做自己的人，不仅善于发表意见，还恰如其分，既抓住了机会，还自有主见。

两者孰好孰坏，就看你的选择。

1 讲实话要有技巧，不能口不择言

“你会说话吗？”

如果别人这样问你，你一定觉得可笑，只要不是哑巴，说话谁不会？

谁都会说话，但说话的技巧，并不一定谁都会。有的人说话口不择言，像机关枪见人就扫，只顾自己快活，不顾他人死活，而大胆说话，并不是不顾场合的“乱弹琴”。

你可以直言不讳，但也要注意“忌讳”，不能毫无顾忌地乱说话。否则，因言语不慎而让别人下不了台，或者把事情搞砸了都是不礼貌的，这也是低情商的表现。口不择言、乱说话不一定是出于你的本心，但这也会让别人对你产生反感。

我们先看几则笑话：

一位剃头师傅家中惨遭盗劫。次日，剃头师傅满心愁绪地来到主人家为其剃头。主人问其缘由，师傅唉声叹气地道：“昨夜被强盗将我一年积蓄劫去了，细细思量，只当替强盗剃了一年的头。”主人闻言怒不可遏，怒而逐之，当即将其驱逐，另换一位剃头师傅。这新来的师傅好奇地问：“先前不是有位师傅在此伺候您吗，怎的又换成小人我了呢？”主人便将之前发生的事情详细说了一遍。这师傅听罢，微微点头道：“像这般不会说话的剃头之人，简直是在砸自己的饭碗啊。”

寿宴之上，客人们共行“寿”字酒令。一人言“寿高彭祖”，一人言“寿比南山”，另有一人却说“受福如受罪”。众客道：“此言不但不吉利，且‘受’字非‘寿’字，当罚酒三杯，另说好的。”此人饮罢酒又言：“寿夭莫非命。”众人生气而言：“生日寿诞，怎可说此不吉之话。”此人自悔道：“该死了，该死了。”

一人举办酒宴，请了四位客人，有三位早早抵达。主人等得那叫一个焦急呀，不禁自言自语道：“哎呀，那该来的咋还没来呢？”其中一个客人听闻此言，心里甚是不快：“如此说来，我岂不成了那不该来却来了的人？”便告辞离去。主人见状着急万分，说道：“不该走的又走啦。”另一客人也颇为不悦：“难道我就是那该走却又赖着不走的？”一气之下，也站起身走人了。主人苦笑着对剩下的那位客人说：“他们都误会啦，其实我压根儿不是说的他们呀……”最后那位客人思忖道：“不说他们那可不就是说我咯。”主人的话还未说完，最后这位客人也匆匆走了。

由此可见，若说话不加检点，易伤人败兴，引误解，招怨尤，我们得注意说话场合、对象与气氛，不可口不择言。像有些人去菜市场买肉，问卖肉的道：“师傅，你的肉多少钱一斤？”或饭馆服务员端上一盘香肠，对客人说：“先生，这是你的肠子。”这些生活中的笑话，看似不经意，却要注意避免。

第五章

不做沉默的羔羊——大胆说话有诀窍

说话乃人生一大难事。要避免上面的状况，并非极难。只需注重语言修养，自会改善说话的瑕疵与不足。

说话难，尤以说真话实话为甚。

社交中，常有见人说人话、见鬼说鬼话的人。他们随风转舵，看人下菜，言不由衷，自欺欺人，是实打实的“变色龙”，他们不断自我打脸说话，做人千万不能这样。

说话难，但不能闭口不言，学会说话有很多技巧。

学习技巧，并不意味着可以放弃原则，指鹿为马，曲意逢迎，别人说什么你应什么，违心地说话，这技巧就变成了恶行。

那么，如果我们实在想说，如鲠在喉，不吐不快，又不知道该怎么说时，怎么办？

有人出了个主意：那就实话实说，就像以前来自德国的教练施拉普纳对中国足球运动员说的：“当你不知道该把球往哪儿踢时，就往对方球门里踢！”

2 不要成杠精，与人抬杠不叫赢

聪明人抬人不抬杠，傻子抬杠不抬人。

有人曾说过：懦弱愚蠢的人才好激动和大吵大嚷，聪明强干的人什么时候都应保持自己的尊严。

二战刚结束不久，戴尔·卡耐基当时是罗斯·史密斯爵士的私人经纪。大战时，史密斯爵士曾是澳大利亚空军战斗机飞行员，被派往巴勒斯坦工作。二战胜利后不久，他 30 天游半个地球的壮举震惊世界，无人能及，引起轰动。澳大利亚政府给他发了 5000 美元奖金，英国国王给他授了爵位。一天晚上，戴尔·卡耐基参加他的宴会，坐在戴尔·卡耐基右边的一位先生讲了一段笑话，并引出了一句话，意思是“谋事在人，成事在天”。

他说这句话出自《圣经》。戴尔·卡耐基笑了，他为了表现出优越感，很讨厌地纠正他。对方立刻反唇相讥，并信誓旦旦地说：“什么？出自莎士比亚？不可能，绝对不可能！就出自《圣经》。”

那位先生坐在右首，戴尔·卡耐基老友格蒙在左首，格蒙钻研莎著多年。于是戴尔·卡耐基与对方向他请教，格蒙在桌下踢戴尔·卡耐基后说：“戴尔，先生没错，《圣经》上有这话。”

那晚回家的路上，戴尔·卡耐基对格蒙说：“弗兰克，你明明知道那句话出自莎士比亚。”

“是的，当然，”他回答，“《哈姆雷特》第五幕第二场。可是亲爱的戴尔，我们是宴会上的客人，为什么要证明他错了？那样会使他喜欢你吗？为什么不给他留点面子？他并没问你的意见啊！他不需要你的意见，为什么要跟他抬杠？应该永远避免跟人家正面冲突。”

天底下唯有一种能在争论中胜出的法子，那便是规避争论。十有八九，争论的结果会让双方愈发坚信自己绝对正确，你压根儿赢不了争论。即便赢了，实则你还是输了。为何？倘若你的胜利致使对方论点被抨击得破绽百出，证明他毫无可取之处，那又怎样？你扬扬得意，可他呢，定会自惭形秽，你伤了他自尊，他会怨恨你的胜利。而且，即便一个人表面上服了，但内心实则还是不服。

正如明智的本杰明·富兰克林所说的：“如果你老是抬杠、反驳，也许偶尔能获胜，但那只是空洞的胜利，因为你永远得不到对方的好感。”

抬杠，没有真正的赢家。抬杠，只会让人和人之间更加疏远，一时的较劲，换来的是长久的隔阂，让人十倍速地远离你。真正聪明的人，不争不辩不抬杠，多夸多捧只抬人。

如果我们遇见抬杠的人，要么用睿智的方式予以坚硬的回击，要么沉默远离。喜欢在言语上胜过他人的人，不过把抬杠当成了一种本能。

有一种人，反应快，口才好，心思灵敏，在生活或工作中和人有利益或意见的冲突时，往往能充分发挥辩才，把对方辩得脸红脖子粗，哑口无言。他们以为自己很聪明，可以压制别人的气势，可以体现出自己的“出类拔萃”，体现自己是有个性的人。殊不知爱抬杠的人，赢了口舌，输了人心。

记住，别做一个杠精，杠赢杠输都没人喜欢你。凡是喜欢抬杠的人，往往都是不管你说什么先杠了再说，杠精只顾杠得开心，丝毫不顾及他人的感受。所以，大家都不喜欢杠精也会不自觉地远离杠精，当然他们的人际关系也会一团糟糕。

威尔逊总统任内的财政部部长威廉·肯罗以多年政治生涯获得的经验，说了一句话：“靠辩论不可能使无知的人服气。”

拿破仑的家务总管康斯坦在《拿破仑私生活拾遗》中曾写到，他常和约瑟芬打台球：“虽然我的技术不错，我总是让她赢，这样她就非常高兴。”

我们可以从中得到一个教训：让我们的同事、朋友、丈夫、妻子，在琐碎的争论中赢过我们。

争辩不可能消除误会，而只能靠技巧、协调、宽容，以及用同情的眼光去看别人的观点。

林肯曾斥责一位和他同事发生激烈争吵的青年军官：“任何决心有所成就的人，决不会在私人争执上耗时间，争执的后果，不是他所能承担得起的。而后果包括发脾气、失去自制。要在跟别人拥有相等权利的事物上，多让步一点；而那些显然是你对的事情，就让得少一点。与其跟狗争道，被它咬一口，不如让它先走。因为就算宰了它，也治不好你的咬伤。”

口头上的赢不能叫赢，处处与人抬杠，那是做人的悲哀。

3 不做“大舌头”，要懂得委婉表达

病从口入，祸从口出。

有的人心里藏不住话，听风是风，看雨是雨，一旦有点新鲜感的消息与秘密，就爱四处传播，却不知许多是非都是我们多嘴多舌造成的。

人有舌头，当然就要说话，但说话一定得看场合、看时机，还要考虑结果。特别是年轻人，社会阅历少，经验不足，爱说敢说，但不注意控制，就更容易因话惹祸。

舌头惹出的风波太多，不负责任的背后瞎说，毫无根据的怀疑猜测，不经调查的轻信乱传，东拉西扯的闲言碎语，都会给他人造成痛苦和烦恼，给人世间增添许多是非和不幸。当然给别人带来不幸的同时，往往最终自己也受到责难。

有一位国王命两位大臣去寻觅世间两样东西，其一乃世上最佳者，其二乃世上最坏者。两位大臣依令出发，于规定时间回宫，将各自寻得且认为最恰当的呈上。首位大臣打开盒子，呈现出世上最好之物，乃是一条人的舌头；另一位大臣亦打开盒子，展露出世上最坏之物，亦是一条人的舌头。

人的舌头可以说是世界上最好的，也可以说是世界上最坏的东西。因为在不同的场合中有人使用一句话就使得整场气氛热闹起来，也有人用一句话就破坏掉整个的气氛。

“害人的舌头比魔鬼还厉害……上帝仁慈为怀，特地在舌头外面筑起一排牙齿，两片嘴唇，好让人们在开口讲话之前多加考虑。”这是文学家的语言，意思是说我们在说话之前要多加考虑，要负责任，不能出口伤人，损害别人。

其实，言为心声，语言受思想的支配，反映了一个人的品德。那种不负责任，胡说八道，造谣中伤，搬弄是非等，都是不道德的。

做人要正直，但并不意味着说话要直来直去，因为不适当的直言不是使人抵触反感，就是使人顾虑重重。

如医生给人看病，遇到病情较严重而又诊治不及时的病人，就直言道：“你怎么这么瘦哇！脸色也很难看！”“你的病已经到晚期了。”“哎呀！你是怎么搞的？你这个病难治呀！”

这些说法所包含的消极作用会使病人怎么想？作为医生这是治病还是致病呢？

相反，如果医生换一种方式说：“幸好你及时来看病，只要你按时吃药，多注意休息，放下思想包袱，相信很快就会好起来的。”这将给病人很大的鼓舞。

又如，当妻子买了一件衣服问丈夫的意见，丈夫直露地批评说：“我看你的审美观真成问题，一把年纪了还穿这么鲜艳的衣服，岂不成老妖婆了？”这样生硬、贬损的话必定会伤害妻子的自尊心。

如果丈夫尊重体谅妻子的心情，就会把否定的意见说得委婉得体，给予暗示：“不错，颜色真鲜艳，给女儿穿，那是很漂亮的。”

当你去拜访朋友时，主人热情地拿出水果、零食招待你，而你却直言说：“不吃，不吃，我从来就不喜欢吃零食，再说我刚吃完饭，肚子饱得很，哪还有胃口吃这些东西。”这样不仅让人扫兴，而且还会伤了主人的自尊心。你应该体谅到主人的一片热情和好意，委婉地说：“谢谢，谢谢！多新鲜的水果，多香的糖，只可惜我刚吃完饭，没有胃口吃了，太遗憾了！”

有些人平时不能够堂堂正正、诚实善良，却喜欢整天道听途说、搬弄是非，为一些鸡毛蒜皮的小事喋喋不休。这无论对于说话的人还是听话的人来说都是一种困扰，是没有益处的。这种人不是小人就必定是一个庸人。

舌头是人之利器，也是人之祸害。无论你是吃硬饭还是吃软饭，舌头既能帮你也能害你。所以，管不好自己的舌头，就要面临祸从口出的灾难！

有句久经时间考验的名言：“你如果没有好话可说，那就什么也别说。”

4 失言要学会巧妙弥补

所谓言多必失。口才再好的人，话说多了，也有失言时，失言不仅会引起不必要的误会，还有可能会被对方抓住把柄，导致我们丧失说话的主动权，甚至陷入尴尬的境地。

作为空姐，朱小姐接受过严格的语言训练。虽然如此，她还是不免有失言的时候。在一次航班上，她热情地询问一对年轻的外籍夫妇，问是否需要为他们的幼儿预备点早餐。男顾客出人意料地用蹩脚的中文答道："不用了，孩子吃的是人奶。"

朱小姐没弄清楚后面半句话，为表示诚意，她毫不犹豫地说："如果您孩子需要用餐，请随时找我好了。"

男顾客先是一愣，随即大笑了起来。

朱小姐这才如梦初醒，羞得脸红脖子粗，为自己的失言窘得不知所措。

"人有失足，马有漏蹄。"在人际交往过程中，无论凡人还是名人，都免不了言语失误。虽然原因有别，但造成的后果却是相似的，或贻笑大方，或纠纷四起，有时甚至不可收拾。

1976 年 10 月 6 日，美国福特和卡特为总统选举而举办的第二次辩论会上，福特对《纽约时报》记者马克斯·佛朗肯关于波兰问题的质问，作了“波兰并未受苏联控制”的回答，他说，“苏联强权控制东欧的事实并不存在”。这一发言在辩论会上属明显失误，当时就遭到记者的反驳，但碍于他是总统，佛朗肯的语气还比较委婉，意图给福特以纠正的机会。他说：“问这一件事我觉得不好意思，但是您的意思是肯定苏联没有把东欧化为其附庸国？也就是说，苏联没有凭军事力量压制东欧各国？”

当时的福特如果明智，就会承认自己失言或一语带过，并转移到其他话题，但他觉得身为一国总统，面对全国的电视观众直接认输，绝非善策，于是坚持自己的观点，一错再错，结果为即将到手的选举付出了沉重的代价。

刊登这次电视辩论会的所有专栏、社论都纷纷对福特的失策作了报道，他们惊问：“他是真正的傻瓜呢，还是像只驴子一样顽固不化？”

福特在失言时仍死守自己的堡垒，卡特乘机把这个问题再三提出，闹得天翻地覆，不用说最后福特惨败。

聪明人被对手击中要害时绝不强词夺理，他们或点头微笑，或轻轻鼓掌。如此轻描淡写，观众或听众弄不清他们葫芦里卖的什么药。从另一方面理解，又以为他们拥有不强辩解的豁达胸怀。若如此，谁能胜出，还是个未知数。如果真的要争辩，也可以辩得很巧妙，向对方笑道：“你讲得好极了！”

那失言了，有没有补救措施或者矫正之术呢？

答案是肯定的。

相比之下，里根的表现就高明得多。

一次，美国总统里根访问巴西，由于旅途疲乏且年岁又大，在欢迎宴会上，他脱口而出："女士们，先生们！今天，我为能访问玻利维亚而感到非常高兴。"

身边的人低声提醒他说溜了嘴，里根忙改口道："很抱歉，我们前不久访问过玻利维亚。"

尽管他并没去玻利维亚，那些不明就里的人还来不及反应时，他的口误已经淹没在后来滔滔不绝的欢迎词里。这种将说错的地点时间加以掩饰的方法，避免了当面出丑，不失为补救的有效手段。只是，这里需要的是发现及时、改口巧妙的语言技巧。

失言是不可避免的，但是失言之后，如何及时弥补，挽回一定的损失，才是最关键的问题。失言确实尴尬，但没有想象中那么可怕，只要保持冷静，做到处变不惊，根据对象、场合与时机，来寻找各种积极的弥补措施，只要你有心，就可以补得天衣无缝。

在实践中，失言有三个可供参考的补救之策。其一为移植法，即把说错之话转嫁到他人头上。好比说："这是某些人的观点，我觉得正确之说法理应是……"将已然说出的某句错误予以纠正，对方虽觉得有问题，但却无法确凿认定是你说错了。其二为引申法，迅速将错误言辞引开，避免在错误之中纠缠不休。接着那句话说："然而正确的说法应是……"抑或是说："我刚才那句话还需补充一句……"这便可将错话抹除。其三为改义法，巧妙地更改错误的意义。当意识到自身讲错话时，干脆予以重复肯定，将错就错，而后巧妙地转变错话含义，将明显的错误转化为正确的说法。

5 求人办事，要利用好“口才”

人活着，就需要求人办事。虽说求人难，但也不至于难于上青天，只要语言说到位，求人办事也很简单。

我们不难发现，同样的请求内容，不同的人用不同的方法和语言表达出来，得到的结果往往不一样，怎样才能让被求者答应你的请求呢？

求人时，语言要诚恳、礼貌，不强加于人。所谓诚恳是让被请求者感到你是发自内心地求助于他，从而重视你的请求。所谓礼貌是应该尽量选用被请求者乐意接受的称呼，像问路、请求让座时，称对方为“老头”“小孩子”，那你肯定一无所获；若改用“老人家”“小朋友”等，效果就好多了。

不强加于人是指不用命令、祈使的语气，而多用委婉、征询的口气，尽可能使用“麻烦……”“劳驾……”“可以……吗”这类句式，即使对认识者也不妨这样。

“请问”有如下说法：借问、动问、敢问、请教、借光、指教、见教、讨教、赐教等；“打扰”有如下词汇：劳驾、劳神、费心、烦劳、麻烦、辛苦、难为、费神、偏劳等用词。如果我们在语言交际中使用这些词汇，相互间定可形成亲切友好的气氛，减少许多可以避免的摩擦和口角。

众所周知，日本人说话爱说“谢谢”。据相关统计，一个在百货公司就职的日本职员，每日平均得讲 571 次“谢谢”，不管这 571 次具体数字是否确凿无误，但有一点毋庸置疑，倘若顾客购买了物品，营业员对其亲切地说声“谢谢，欢迎再度光临”；即便顾客仅是随意逛了一圈，仍会对其礼貌地说声“不客气”。

美国人说话爱说“请”，如请坐、请讲、请转告。传闻以前打电报时，他们宁可多付费也不省略“请”字，美国电话总局每年从“请”字可多收千万美元。美国人情愿花钱买“请”，我们与人相处说“请”字，既不费力又不花钱，何乐而不为？

英国人说话常说“对不起”，凡请人帮忙就说“对不起”，如要下车说“对不起，我要下车”，要杯水说“对不起，请给我杯水”，占用时间说“对不起，占用您时间”。英国警察处理违章先说“对不起，先生车速超规”。两车相撞先道“对不起”，在这样的氛围中双方自尊心满足，争吵自然很难发生。

相较于我们有些人，马路上骑车者撞倒行人后，有的竟先发制人地怒斥：“混蛋，你咋不闪开？”被撞者为受害方，自然不肯让步，进而谩骂、厮打起来。倘若骑车人真诚地说声“对不起，没伤着您吧”，被撞者再大度些，结果定会大不一样。

下面，我们介绍几种运用求人语言的具体技巧，也许会有助于你的请求得到最理想的答复。

1. 以情动人。对于比较大的或较为重要的事。以情动人指把对人的请求融入动情的叙述中，或申述自己的处境，以表示求人是不得已之举；或充分阐明自己所请求之事并非与被请求者无关，以使对方不忍无动于衷，袖手旁观。

2. 先“捧”后求。“捧”在这里是指对所求之人的恰到好处、实事求是的称赞，并不包括那种漫无边际、肉麻的吹捧。

3. “互利”承诺。在求人时不忘表示愿意给对方以某种回报，或将牢记对方所提供的好处，即使不能马上回报对方，也一定会在以后用得着自己的时候鼎力相助。配以“互利”的承诺，让对方觉得他的付出值得，同时也会对求助者多一分好感。

4. 寻找“过渡”。倘若向特别要好和熟悉的人求助，可以直截了当、随便一点。但有时求助于关系一般的人、生人或社会地位较高的人时，则常常需要一个“导入”的过程。这个导入过程可长可短，得视情况而定。

此外，还要尽量防止无意间冒犯对方。所以在求人时，应先对对方有所了解，若无意中冲撞了对方，岂非前功尽弃？

6 别害羞，跟陌生人可以自来熟

每个人都有自己熟悉的朋友圈，但与陌生人打交道也是家常便饭。要想让陌生人不再陌生，就要先考虑一个问题：你跟老朋友谈话轻松自然，因为你们太熟悉，但跟陌生人谈话，因为你一无所知，所以不自在，有时还伴有恐惧心理。

你要设法把陌生人变成老朋友，首先，你不能“社恐”，要有乐于与人交朋友的愿望，心里有这种要求，才能有行动。其次，你应对拜会的客人做些了解，探知对方一些情况，如关于他的职业、兴趣、性格之类。

当你拜访陌生人，走进他们住所时，可凭借你的观察力，看看墙上挂的是什么，国画、摄影作品、奖杯、乐器等，都可以推断主人的兴趣所在，如果你把它当作一个线索，可以由浅入深地了解主人心灵的某个侧面，当你抓到一些线索后，就好找到开场白。

如果你参加一个充满陌生人的聚会，观察也是必不可少的，你不妨先坐在一旁，耳听眼看，根据情况决定你接近的对象，一旦选定，淡定地走上前去向他作自我介绍，你的主动行为会受到欢迎的。

有时，有些人你虽然不喜欢，但必须学会与他们谈话。如果你对不感兴趣的人不瞥一眼，不说一句话，恐怕也不是件好事。你可能被人认作是骄傲，甚至有些人会把这种冷落当作侮辱，从而产生隔阂。和自己不喜欢的人交谈时，第一要有礼貌，第二不要谈论有关双方私人的事。这是为了使彼此保持适当的距离，一旦你愿意和他结交，就要设法缩小这种距离。

和陌生人谈话，要比对朋友更加留心对方的谈话内容，因为你对他所知有限，更应当重视已经得到的任何线索。此外，他的声调、眼神和回答问题的方式，都可以揣摩一下，以决定下一步是否能纵深发展。

有人认为见面谈谈天气是无聊的事。其实，这要具体问题具体分析。如果一个人说："这几天的雨下得真好，否则田里的稻苗要旱死了。"而另一个则说："这几天的雨下得真糟，我们的旅行计划全泡汤了。"你不是也可以从这两句话中分析两人的兴趣、性格吗？退一步说，光是敷衍性的话，在熟人中意义不大，但对与陌生人的交际还是有作用的。

如果遇到那种比你更羞怯"社恐"的人，你更应该跟他先谈些无关紧要的事，让他心情放松，以激起他谈话的兴趣。和陌生人谈话的开场白结束之后，要特别注意话题的选择。那些容易引起争论的问题，要尽量避免，为此当你选择某种话题时，要特别留心对方的眼神和小动作，一发现对方有厌倦、冷淡的情绪时，应立即转换话题。

在与人聚会时，常常会碰到请教姓名的事，"请问你尊姓大名"。

你要牢牢记住对方的姓名，对方说出姓名之后，你应立即用这个名字来称呼，当你碰到一个可能已经忘记了的人时，你可以表示抱歉，“对不起，不知怎么称呼您？”也可以说半句“您是——”“我们好像——”，意思是想请对方主动补充回答，如果对方老练，会自然地接下去。

看，让陌生人不再陌生就是这么简单！

7 乐于“上问”——跟领导聊天打破沉默

孔子要我们“不耻下问”，但是，单单不耻下问满足不了我们那颗求知欲极强的心，所以“下问”的同时更要敢于并乐于“上问”，上问自是向领导或向比自己强的人请教。也许他们某些方面不如你，但他之所以能成为领导，自然有他的长处，多向他请教不但能增强自己的能力，也能给领导留下好印象。

小陆和小李是同一名牌大学的毕业生，他们的成绩都很优秀。两人分配到同一单位。一年以后，小陆提升为部门主管，小李则被调到公司下属的一家机构，地位明升暗降，没有任何实权。

先说说他们的工作状态。

领导各交给他们一件工作。小陆在分析调查后，提出了若干方案给领导看，又向领导逐条分析利弊，最后向领导请教，用哪个方案更合适。这时，领导对他的分析很信服，当然采取了他所推荐的那个方案。然后，他又问领导如何具体实施。领导说：“你放手干吧，年轻人比我们有干劲。”小陆连忙说：“我刚来，一切都不熟悉，还得多听领导的意见。”因为小陆的态度谦恭，意见又到位，领导很满意，当即向几个部门的头头打电话，让他们大力协助小陆的工作。因为有了领导的交代，小陆的工作完成得又快又好。

小李呢？他也做了精心的准备，方案也设计得十分到位。但他一心沉浸在工作的热情中，没有向领导请示一下。领导是开明的，既然说过让他全权处理，自然也不干涉，但也没有和下面人交代什么。等到小李把自己的计划付诸实践，各部门人员见他是新来的，免不了有些怠慢，小李心直口快，与某人吵了起来，这可惹了麻烦，因为这人正是公司总经理的亲信。后果可想而知，他的工作处处受阻，最后方案中途流产。

有人因为“社恐”，不敢向领导请教，有人因为自傲不愿向领导请教，有人害怕向领导请教会显出自己水平不够……其实这些顾虑完全没有必要，多思勤问的人领导都看在眼里，一方面，你的提问显出你对工作的热情和思考；另一方面，你的提问显出你的谦虚和诚恳。

有些人面对领导时，常出现不知聊什么，即使有话题也不敢说，因为拿不准对方的意思，不知道如何开口。只能被动等领导问话，一问一答，随后就陷入尴尬的沉默……沉默中……

其实这种状况很容易避免。

第一步：主动破冰、积极开口，由你来活跃气氛。

你可以选择以下几个话题。

1. 天气。别以为聊天气是俗套，先打破沉默，然后接着想话题。太冷、干燥、阴湿、雾霾、大雨、大雪等，都可以稍加评论一下开场聊。

2. 和领导独处现场看到的就可以聊。比如见领导的穿着打扮、精神状态，都可以作为开场铺垫。尤其是女领导，可以重点发挥，没有不喜欢被夸外表的女领导。

如果是出差路上和领导同乘，沿路的风景、城市的发展建设等，都可以用来开场；和领导独处吃早餐，美食、餐厅的环境等都可以聊。

第二步：话题开始以领导为中心，加深关系、放松情绪。

选择的话题可以是：领导感兴趣的，领导擅长的。

有人要问，我也知道应该聊这些，关键是不知道怎么聊啊，什么内容啊！这里提供几种实用的方法。

1. 可看领导微信朋友圈及转发文章，知其兴趣关注点等信息。

2. 有机会与他人聊天，了解领导聊天喜好，别刻意巴结。

3. 前两条不具备，聊“子女教育”“养生保健”话题通常可行。

第三步：话题转移为以自己为中心，大胆开口，表达意愿。

这里要说的基本包含以下话题。

平时当着他人面不好说的工作中的建议意见，但是自己确实想说的，都可以在这一步聊。先给你个建议：你要提前想清楚，开口前一定要有所准备。

比如，你跟领导聊天提出，某项工作应该这么干，那这么干的理由是什么？具体怎么来干？谁来干？

这些都要提前有所思考和准备。否则你突如其来聊工作，结果会死得很难看。

同时，你要做好失败的心理准备，很多你简单思考的工作很可能在领导角度直接被驳回、你还会被训斥。

如果遇到这种情况，先肯定领导的想法，然后见机回到第二步。

这三步中，第一步破冰开口是前提，第二步围绕领导聊天是基础，第三步围绕自己表达诉求是目标。

苏格拉底说过一句名言：未经思考的人生不值得一过。

不耻“下问”是涵养，乐于“上问”要智慧。

第六章

跨越人际障碍——不做“社恐”做“社牛”

“社牛”在人际关系上表现得游刃有余，大受欢迎；“社恐”则截然相反，人人避而远之。

好的社交能为我们带来快乐，反之则带来重重压力。

社交处理得好能够事半功倍，处理得不好只会事倍功半。

每个人都不是一座孤岛，跨越人际障碍，你的社交将无处不在。

1 暴露自己“缺点”，成全他人好胜心

很多人喜欢装作强者，实际上，适当暴露自己的缺点与脆弱，你会更受别人欢迎。

人人都有自尊心，人人都有好胜心，社交就必须隐藏你的好胜心，成全对方的好胜心，表面上他胜利了，实际上却是你赢了。

心理学家做过这样的试验：让两个学生做咖啡，第一个学生在录像快结束时，不小心把咖啡洒了一身；而另一个学生则很完整地把咖啡做好。随后调查人员问观看录像的人，你们更喜欢哪一个？

结果出人意料，那个不小心把咖啡洒了的人更受他人喜欢，他们觉得那个学生更加讨喜、可爱。

如果你在人前演讲，在麦克风前打喷嚏，或者站不稳，或者故意表演些小失误，看上去大家会笑两声，却能缓和原来紧张的气氛，听众也有同理心，对你的演讲会更加关注，同时一种亲切感自然而生。

如果你与“社恐”的人打交道，他们有自卑心理和戒备心，初次见面时的会谈是很困难的，尤其在社会地位有差距时，对方心中有胆怯感，在心理上筑起一道防御墙，你得让对方树立“自己不比

别人差”的观念。

比如对方与你有共同的爱好，共同的特长，他与你比赛，你必须让他一步，哪怕他的技术敌不过你，你也得让他获胜。

当然，退让只是开始，但不意味着要一直退让，要不然会使对方误认你的技术太差，反而瞧不起你。所以你与他比赛时，应施展你的相当本领，先造成一个均势之局，使他知道你不是一个弱者；进而再施小技，把他逼得很紧，使他神情紧张，才知道你是个能手；再一步，故意留个破绽，让他突围而出，从劣势转为均势，从均势转为优势，结果把最后的胜利让于对方。对方得到这个胜利，精神一定十分愉快。

不过安排破绽，必须自然得体，不要让他感觉你故意让他胜利，反而觉得你虚伪。当然，最大的难题是起初你还能以理智自持，比赛到最后，你好胜心勃发，一举拿下胜利，也是常有的事，所以随时都要把控自己，别冲动。

适当暴露自己的缺点，与你交流的人，会意识到你并不完美，进而对你产生一定的好感，人们天生都有同理心和同情心。

面对缺点，不同的人会持有不同的态度，有的人厌烦身上的缺点，甚至对他人的缺点指指点点。但有些人反而更加正视自己的缺点，利用自己的缺点进行良好社交，这就是暴露缺点效应所产生的效果。

对于大多数想要社交、想交朋友、想要融入社会的人来说，一定要正视自己的缺点，尽量不要把自己的缺点暴露给他人。

最怕的问题是，很多人会意识不到自己缺点暴露过多。比如说有人在工作当中表现得急于求成、拍马屁或者太过于讨好他人，显露出来的缺点会惹得同事比较讨厌，领导也不喜欢。

所以并不是将所有的缺点都暴露出来，你所要暴露的只是一些小缺点和无伤大雅的缺点，是要能够影响其他人同理心的缺点，并不是一些惹得别人讨厌的缺点。

2 不要算计别人——人在做，天在看

人在做，天在看，举头三尺有神明。

人这辈子，最好的活法就是不要去算计别人，讲良知，才能得好报。

人有万算，天有一算，人始终是算计不过天的。

有那么一帮人，自以为聪明，心术不正搞歪门邪道，以算计他人当本事，堵塞别人的道路，以破坏别人的成功为乐。

这样的人古已有之，比如《红楼梦》中的王熙凤，一生为了权势利益机关算尽，最后反误了卿卿性命。

王熙凤是一个聪明而能力强的人，在贾府当家管账，一会儿算计这个，一会儿算计那个，最后算计到自己头上，因为放印子钱而被人抓住坐牢，最后被家族抛弃，死于金陵。

你越是算计别人，最后越是被别人算计，你自己挖的坑，最后都是自己掉进去。

乔布斯说：永远不要以为自己的聪明是真正明智的 ，要始终保持傻瓜的状态。

做人，不要总想着算计别人，很多时候，算计的越多，失去的

也越多。

从古到今，有这样一类人，就是自己没有本钱，帮别人出谋划策，从而分一杯羹。春秋战国时有些纵横家，专门吃“算计”这碗饭，他们不管主子是谁，朝秦暮楚，有酬金就效力。后来这样“算计”的人多了，改名为门客，后来又多了，叫幕僚，最后更多了，叫师爷，或叫谋士。

会算计的人，虽无专长，但也能算计来一官半职，有的还能算计出千万资产，只是当官不会为民解忧，但会把别人干的功劳归于自己；自己不会写小说、诗歌、散文，但会写大批判文章，把别人的成果一笔抹杀；自己不会盖楼房，但会找两个钉子户，让你连地基也甭想打……这类人，不显山不露水，好处捞够了就行。这类人犯错也不会大。这类人总占好处，得名得利，但到头来什么都没留下。这类人你见过，我见过，他也见过，像蚊子苍蝇，虽说闹不了大事，但也绝不了种。

晚清时期，适逢时局动乱，各种药材变得紧俏，很多药店算计得精，大幅提升药材价格，从中牟取暴利。而同仁堂不仅没有涨价，还为那些没钱买药的人免费诊治和发药。有时某个药材急缺，还会把顾客介绍到对手的药店，为自己赢得了良好的信誉。

动乱过后，很多同行倒闭了，而同仁堂却深受百姓的信任和拥护。

同仁堂能延续至今，拥有三百年的历史，因为他们从不算计客人。

这个世界上，能主动吃亏的聪明人永远是少数，而总想占便宜、算计他人的人遍地都是。

当然，存在的就是合理的，这种人也不是没有“好处”的。

跟会算计的人打交道，一不要上火，二不要生气，该丢的丢，该舍的舍，不妨把这类人当作心理健康教师，让你时时有个标准：这样做会让我也变成“这类”了吗？

有了会算计的人，社会也有了一个“环保信息”。蚊子苍蝇闹不了大事，但蚊子苍蝇成了气候得了势，就说明这里有了腐败之气，可以下大功夫清除这些垃圾了。所以说做人不要算计人，你走正道，一样可以有所作为，功成名就。

曾国藩说，凡事不可占人半点便宜，不可轻取人财。

聪明反被聪明误，爱算计的人总会算计了自己。

3 君子成人之美，不落井下石

孔子云：“君子成人之美，不成人之恶，小人反是。”

称赞他人的长处，成就他人的美德，都能使他人产生一种由衷的喜悦。

有人曾说：“凡是有一个字可取于人的人，都要显示他称赞他，不能偷窃他人之美作为自己的美。”

要想做到这样，就得依靠大功力、大涵养，并深深地体会到我称赞他，他也会称赞我；我成就他人，他人也会成就我。

而现实世界却刚刚相反，成人之美的人不多，落井下石的人却不少。

静怡女士在一家历史悠久的知名杂志社工作，负责的是摄影，因为她曾在美国留学几年，所以在行事风格上明显的比较洋派，与杂志社里的那些保守人士在一起工作，就显得有些格格不入了。偏偏静怡的性格比较散漫，对工作不是太上心，对人际关系也不太重视，种种原因加起来，让她在工作上犯了不少错误，连总编都有些看不惯她，只因她是杂志社老总朋友的女儿，因此就选择装糊涂，对静怡的做法睁一只眼，闭一只眼，没有主动处理。

一次，因为拍摄的照片出了问题，静怡和一位同事产生了矛盾，吵了起来，其他同事也纷纷参与进来。静怡一张嘴难敌众人之口，尽管这次出问题，主要是因为那位同事，但她无力辩解，也只好掩面而逃。这时，主编看其他同事都攻击她，于是也选择了落井下石，不分青红皂白地把她训斥了一顿，静怡受不了这个冤枉，一气之下选择了辞职。

不过，这件事并没有就此结束，因为静怡的反馈，导致杂志社老总虽然因为众怒难犯，没有处理这件事，但却对主编产生了比较差的影响，后来在主编犯了一个错误后，也遭遇了其他同事的落井下石，而老总则借机狠狠地教训了他一番。

可见，对落魄之人落井下石，是很容易遭报应的。不过要想不落井下石也不容易，因为它是一个人性的弱点，是很难克服的。具体来说，就是说人都有求生存、谋发展的需求，而为了满足这种需求，除了靠自己付出努力，还需要靠他人的帮助，借助众人的力量，所以，人总是偏向于向力量强大的一方靠拢，向得势的一方靠拢，向众人靠拢，而不是把重心放在落魄之人身上。如此，既然有人选择落井下石，那自己也就很容易做出同样的选择。毕竟，落魄之人在很多人眼里是没有什么价值的，为了与其划清界限，或者为了向得势之人表态、讨好，就会选择落井下石，即便他本身没有这样的意愿。

要想不落井下石不容易，但你必须尽量做到一点，在自己落魄之时，对别人的落井下石要尽量忍耐，而在别人落魄之时，除非是积怨很深，否则还是要好好地克制自己，尽量不要落井下石，不必加入“棒打落水狗”的行列。毕竟，落魄之人只要有一口气在，总有翻身的机会，而现在你对他爱搭不理，将来他就会让你高攀不起；现在你对他落井下石，将来他就会对你以牙还牙，甚至是加倍奉还。

一般来说，如果你有能力，又有勇气，那么不妨拉他一把，帮他一下，就当作一种人情投资，或者是大发善心。

山不转水转，树敌过多，最后路总会越走越窄，吃亏的终究是自己。

这个世界上，从来不缺落井下石的人，但为了你的人际关系考虑，为了你的将来考虑，在别人落魄的时候，无论其他人怎样的落井下石，你最好不要参与，即使不能提供帮助，最好也要予以体谅和理解，这才是正确的做人之道。

君子要成人之美，他人有事业，有能力，但也有困难请求你帮助，只要我力所能及，都应给予支援、同情、帮助，促使他不受非难。千万不可你只为你，我只为我，袖手旁观，不肯为他人出力、出财物，让他自生自灭，自成自败。

4 伺机而动，要有锐气但忌锋芒

做人要有锐气，锐气是独立的精神，绝尘的、不妥协的东西不可没有，但锐气不代表锋芒，要懂得藏，因为外在的是世俗，不容你的孤傲。锐气可以展现自我的内心，但锋芒却给别人带来压力。

想要在事业上一展才华，可以巧妙地展露锐气，但千万别锋芒毕露。

有些年轻人，总想在最短时期内使别人知道自己有才华，知道自己是一个不平凡的人。为了引起大家的注意，他们便容易露出言语锋芒，行动锋芒。

一个人最好的状态就是眼里有故事，脸上却不见风霜，不羡慕谁，不嘲笑谁，不依赖谁，默默活成自己喜欢的样子。

我们细看身边的成功人士，他们毫无棱角，言语平和，行动亦然，个个深藏不露，表面看都是庸才，个个都很讷言，哪怕其中有善辩者，也好像胸无大志，在言语上谨慎，在行动上沉稳。

纵观古今，很多人成在才能，也败在才能，其中缘由就是不懂得深藏不露。

西汉时期能文能武且才华出众的将军灌夫，对没啥才华的丞相田蚡极为不服。彼时文武百官皆巴结田蚡，而灌夫非但不亲近，还常于其面前耍枪弄刀卖弄技艺。某次更是当着田蚡的面出言不逊：“你凭奉承权势发家，不过是椽作梁用，有何荣耀可言？”因灌夫过于露锋，终遭田蚡处死。灌夫遇心胸狭隘的田蚡，一味露锋，自是引祸上身。

三国时期的杨修，才智超凡，但因恃才傲物而致使身家性命尽失。曹操彼时已然进退两难，心绪烦乱不堪，杨修却偏偏在这个节骨眼上“妙解”鸡肋，称其食之无味，弃之可惜，致使士兵收拾行装准备回撤，此举触犯了曹操大忌，从而招来杀身之祸。

“君子藏器于身，待时而动。”

君子具备卓越才能与技艺，但从不四处炫耀，而是在恰当之时施展出来。一个才华出众却锋芒毕露之人，必定会遭他人妒忌与打压，故而规避锋芒乃是保全自身的正确方法。大显身手者未必能声名远扬，倒不如常怀谦逊之心，悄无声息地做事，寻觅合适时机展露才华。

言语锋芒，便会得罪他人；行动锋芒，便会惹他人妒忌。你四周都是阻力或破坏者，立足点没有了，哪还能实现你扬名立万的目的？

如果你树敌太多，与同事不能水乳交融地相处，与朋友“背刺”，与上级磕磕碰碰，即使你有一身本领，也无用武之地。

有人也许会问，这说一千道一万，就是要你不要表现自己呗，这样不是永远无人知道吗？不成了怀才不遇？

其实，一个人最强大的能力就是让自己有足够的耐心去隐忍，慢慢等待适合自己的机会，而在这个过程当中，必须保持低调，维持内心的平静，不动声色地积累能量，让自己伺机而动，一旦机会来了，就爆发出自己全部的潜能和能力，获得真正的成功。

伺机而动，正如“龙蛇之蛰”，不起、不动、不生发，静静休眠。“伺机”是一种过程，“动”是一种结果。

别以为不主动就是一种懦弱，就是无所作为。静待时机，以不变应万变，以不急应万急。当你一无所有时，你能做的只有蛰伏。要知道，所有的蛰伏，骨子里都有一股蓄势待发的冲劲。

所以，我们一定要做到不鸣则已，一鸣惊人。

锋芒对于你，只有害处，没有益处，额上生角，必触伤他人，你自己不把角磨平，他人必将用力折断你的角，角一旦被折，其伤害更多，而锋芒就是人额头上的角啊！

当能力无法支撑自己的野心时，那就收敛自己，伺机而动，脚踏实地做好每一件事，默默积攒学识，慢慢修身养性，等待时机。唯有如此，你才能学会疗愈自己，提升自己。

5 交友的学问——朋友也分等级

一个人的成功，除了时、运、命和自身的努力之外，还离不开众多朋友的支持和帮助。有了朋友，你的生命才显得有趣；有了朋友，你的智慧和能力才显得有价值。

有好多人，平日里一众朋友吃喝玩乐，称兄道弟，前呼后拥好不威风，多得没法数，可一遇到困难，要朋友站出来帮忙时，都跑得无影无踪。有人平时虽然朋友不多，可在需要时，一个个都鼎力相助。其中的原因就是交朋友时没分等级。

什么，朋友还要分等级？

是的，社会上的人，三教九流都有，朋友也一样，也得分出各种等级。

朋友相交不是诚心相待，为何还要分“等级”？

有个相当成功的老板，他的朋友无数，各行各业都有，他也曾逢人就说他朋友多如牛毛。后来有人问他：“你朋友这么多，都同等对待吗？”

他笑着答道：“当然不，朋友也要分等级！”随后解释道，“你对朋友诚心，但有些朋友不一定诚心待你，人格清高的朋友固然很多，但想从我身上获取利益，心存二意的朋友也不少，有些朋友是不能推心置腹的！”

这位老板说的话，很有道理。

朋友再多，也不能对每个人都掏心。在不得罪朋友的情况下，他把朋友分了等级，计有“刎颈之交级”“推心置腹级”“可商大事级”“酒肉朋友级”“嘻嘻哈哈级”“保持距离级”等。他根据这些等级来决定和对方来往的密度和自己心窗打开的程度。

“我过去认为人人是好朋友，吃了不少亏，受到了不少伤害，无论是物质上的还是心灵上的，都惨重得很，今天才把朋友分等级。”很显然，“刎颈之交级”“推心置腹级”和“可商大事级”的朋友，才是好朋友。

有人认为把朋友分等级是不是太世故，但听了这位老板的话，我们觉得对朋友分等级确实有必要，目的是为了保护自己免受伤害。

因为人都有主观好恶，把朋友分等级并不容易，有时你觉得这个朋友不错，殊不知他却是一肚子坏水，有时也会看走眼，把凶狠的狼看成友善的狗，甚至在旁人点醒时也不能发现对方的人品，非等到被朋友害了才如梦初醒。所以面对复杂的人性，我们要十分客观地将朋友分等级确实很难。

我们虽然不能勉强自己把朋友等级分得一清二楚，但心理上一定要有分等级的准备，有了准备，交的朋友就会比较客观，在关键时刻才会让伤害减到最低。

不过，任何事情都要慢慢学习，慢慢培养这种习惯，等到了一定年纪，热情冷却，不用人提醒，你也会把朋友分等级了。

简单的分等级，可像前述那位老板那样分，分为“可深交级”和“不可深交级”。

可深交的朋友，你可以和他分享一切；不可深交的朋友，维持基本的礼貌就够了。这就好比客人来你家，真正的客人请进客厅，一般的客人在门口应付几句就行。另外，你也要根据朋友的特性，调整和他们交往的方式。

有一个前提必须记住，不管朋友智慧多高或多有钱，一定要人品正直，是个“好人”才可深交；对方和你做朋友的动机必须是纯正的，不能被对方的身份和背景所迷惑，把坏人当好人，这是很多人都无法避免的错误。

给朋友分等级，还要看你自己的情况，如果你目前平平淡淡或失意不得志，不必太急于把朋友分等级，这时你的朋友不会太多，还能维持感情的朋友应该不会太差。但当你有了成就后，手上握有权和钱时，你对朋友一定要分等级，因为很多所谓的朋友另有所图，他不是真心跟你结交的。

交朋友看起来很简单，里面却有大学问，各种不同的人聚在一起，没有想象的那么单纯。你一定要冷眼察看，确定好对方的人品，分成等级后方可深交。

6 收揽人情：普遍撒网，重点捉鱼

社会关系就是男人的网。

刚入社会的人，根基不牢固，必须花心思来编织这张网。

打一个不恰当的比喻，这就像某些大龄青年寻找结婚对象：“普遍撒网，重点捉鱼。”

因为你不知道鱼在哪儿，你只能采取广种薄收，收揽人情，等网撒下去了，时机合适了，再起网捉鱼。

商界有一句金言：“一流人才最注重人缘。”又说：“擦肩而过也有前世姻缘。”因此商界最重人际关系。

其实，“一流人才最注重人缘”这句话，应该反过来说：最注重人缘的人，才能成为一流人才。

人缘是很微妙的。人生在世，所接触的大人物或小人物，都很可能变成日后成败的因素。你今日“撒网捉鱼”，也有可能你就成了网中的鱼，每个人都生活在一个个的网目中，攀缘着网丝可以和许多人拉上关系。结实、坚固的网丝才是你的人际关系。不用说，以此作资本，不管在买卖上或金融上或从政上都将为你开辟一条康庄大道。

第六章

跨越人际障碍——不做“社恐”做“社牛”

人际关系，亦即人缘，结实的网丝是要自己创造的，并不会从天上掉下来。如果你“社恐”，太客气、太害羞、太内向，不够大胆，你将失去和许多人接触的机会。

当你在公司上班时，要运用组织力量，运用公司的资源，扩大、运用公司的人际关系，使业务得到拓展。公司有公司整体的信用和实力，干部有干部之间的人际关系，你要从上找关系，而不是从下索取关系，因为中级以下职员的人际关系都有限，至于员工，他们的关系更浅，可有可无。

你在公司上班等于是在母亲怀中的婴儿，处处在父母的爱护下成长。等到长大成人后自立门户，就再也不能依赖父母。父母若遗下一些人际关系让你运用当然更好，如果没有，那就得重新创造自己的人际关系才能在社会上生存。

所以，好的人际关系是成功的关键，要想事业一帆风顺必须多多建立人际关系。而且，你必须主动，敢于和人接触，宁做“社牛”，不做“社恐”，哪怕厚着脸皮，你也不能宅在家里，除了做到能说会道，最重要的是在朋友之间，在以后所交往的人之间，在所有认识的人之间，建立一个“信用可靠”的印象。

有信用才会有良好的人际关系，“信者得赚”，不但要让朋友信任你，让合作伙伴信任你，还要让客户信赖你。

第七章

学会独立思考，坚持自信自立

独立思考，追求自己所需要的。

最好的不一定适合你，任何时候一定要根据客观情况去做决定。

发现优势，坚持自信自立，不依赖他人，不盲目跟风，与时俱进，懂得创新，分清行事的轻重缓急，你一定能成为最好的自己。

1 不过分依赖他人

无论是朋友的友谊，还是爱情，都应当保持自我，不能过度依赖他人，要懂得培养自己的兴趣和事业，自立自强，大胆做自己。

如果你过分依赖朋友，朋友并非父母，他们会弃你而去；如果你过分依赖爱人，爱人可以给你支持，但不可能什么事都替你办了。你必须清楚，你才是主角，只有你自己，才能决定你的一生。

要是你事事游移不定，一有问题，不是问朋友，就是问爱人，觉得他们是依靠，那哪天你被人卖了，或许还在帮人数钱。为此，你应该摆脱对任何人的依赖。

有一种人，常常盛气凌人，在人际交往中，总爱指手画脚，不管他人的想法如何，都要求别人按照自己的意愿去做。这种做法无疑是在为孤独买单，人人见了避而远之。因为每个人都是平等关系，切不可把自己的意志强加于他人。

卡罗琳是一位有着三个孩子的年轻母亲，她新搬进一居民区，急于找朋友。这时，莉拉进入了她的生活，像只母鸡似的把她呵护在翅膀下。

不久后，卡罗琳发现，莉拉不仅是只母鸡，还是个大王，她是社会团体的总裁，整个团体都由她的朋友和她们的丈夫们组成。

“起初我挺喜欢她的，”卡罗琳说，“我是她的特别好友，她要我干啥，我就干啥，但我感到似乎受到她的压制，但我不知该怎么办，我又不能离开她，可我又不喜欢只听她的。”

其实，卡罗琳想与莉拉或任何人交朋友的话，她应该学会与朋友平等相处，有来有往，互相帮助，要弄清自己必须干什么，并把它付诸实施，而不是过度依赖莉拉。

过度依赖别人，只会使自己变得懒惰，懒于行动，懒于思考，也会成为个人的负担，影响个体的独立性和自我成长。在情感世界里，无论是爱情、友情还是亲情，保持适当的独立性是非常重要的，不要到最后连朋友都厌烦你。

1. 依赖可能限制个人成长。依赖他人可能会限制我们探索自我、学习新技能和面对挑战的机会。例如，当一个人在情感上过度依赖伴侣时，他可能会错失自我提升和发展个人兴趣的机会。这种依赖性可能会导致个人停滞不前，无法适应变化和应对生活中的挑战。

2. 依赖可能导致关系失衡。在任何关系中，平衡是维持关系健康的关键。当一个人过度依赖另一个人时，这种平衡就会被打破。例如，如果一方总是依赖另一方来解决问题或提供情感支持，这可能会导致依赖者感到内疚和无力，而被依赖者可能会感到压力和疲惫。

3. 依赖可能掩盖真正的问题。依赖他人有时是一种逃避问题的方式。它可能会掩盖我们不愿面对的个人问题或关系问题。例如，一个人可能因为害怕孤独而依赖伴侣，而不是去解决导致孤独感的根本原因。这种依赖可能会延迟问题的解决，甚至导致问题加剧。

4. 学会独立，建立更健康的依赖关系。独立并不意味着孤立，而是意味着有能力独立思考和行动，同时在需要时能够寻求他人的帮助。学会独立可以帮助我们建立更健康的依赖关系。例如，一个人可以通过培养个人兴趣、提升职业技能或加强社交网络来增强自己的独立性。这样，当他们需要依赖他人时，这种依赖是建立在相互尊重和支持的基础上，而不是单方面的需要。

不要轻易去依赖一个人，真正的关系是建立在相互尊重、支持和理解的基础上，而不是单方面的依赖。

2 勿随意盲从，忌一味跟风

“不盲从”告诉我们要养成善于思考的好习惯，勤动脑、多思考，就像陈云同志所说的“交换、比较、反复”，才能明晰事理、明智决策；不跟风，懂取舍，做最好的自己；明白如何坚持，勿随意盲从，忌一味跟风。

心理学家发现了一个有趣的现象。

羊群是十分散乱的组织，它们聚在一起时，经常会毫无秩序、横冲直撞。如果一只羊发现一片肥沃的草地，并吃到了鲜嫩甜美的青草，整个羊群就会一哄而上，去争着抢着吃那里的草。完全不顾此时有一匹狼正虎视眈眈。

很多时候，我们会跟随大多数人的意见和想法，而实际上，大多数人的意见不一定正确。

这就是著名的“羊群现象”，心理学家又称之为从众心理，是指受到多数人的影响，而跟随大众的行为和想法。这种跟随是一种盲从，并不是说人数众多就代表了说服力，而是很少有人在其他人意见一致的情况下，还坚持自己的意见和行为。

比如，著名科学家爱因斯坦小时候多次考试不及格；比如，著名作家钱锺书曾经被定性为“智力低下”的贫苦学生。

他们付出了比常人更多的辛苦，在逆境中不断追求梦想，在失败中坚定地追寻信念，在挫折中磨炼意志力。

20 世纪中叶，在澳大利亚的南部有一个叫作巴斯特尔的小城镇。虽然全城的人口还不足 10 万人，却是一座有着深蕴的酒文化的古城。因此，全世界的酒业商人都到这里推销，希望能够得到这里人的青睐。但单一的推销方式，要想在这座城市独领风骚谈何容易。

有一天，这座城市最豪华的酒楼来了一位客人，客人很阔绰，点了一整桌精致的菜肴。这桌菜肴所花费的价钱，相当于当时 10 个澳大利亚人一辈子的花销。

酒店的老板以为客人肯定会选店中最好的酒，于是就拿出了路易十三、葛特尔等十几种名贵酒。客人看了一眼，却问道：“有索古尔干红吗？”老板从来没有听过这种酒，于是找遍了整个城镇，却依旧没有找到。令酒店老板万万没想到的是，阔绰的客人在听说没有这种酒以后，居然连那桌已经付过钱的大餐吃都没吃就扫兴地离开了。

没过多久，贩卖索古尔干红的人来到这个小镇上，人们争先恐后地购买，这种酒开启了在澳洲长盛不衰的历史。后来，当索古尔干红的制造商来到这座城镇的时候，人们惊奇地发现，原来他就是那位阔绰的客人。

可以说，这是一次与众不同的推销，而也正是因为别出心裁才使得索古尔干红在激烈竞争中获得胜利，并在澳洲长盛不衰地生存下去。

如果我们也能够像这位商人一样富有创意地工作，而不是盲目跟从他人的意见，往往就更容易受到上司的青睐，得到提拔和重用。

需要注意的是，富有创意地工作并不代表凡事都要标新立异，我们该有自己的想法，但不应该过于追求不同。当真理确实存在于多数人手中的时候，我们也该学会尊重他人的意见和行为。

事实上，从众也不是什么坏事，在你没有把握时，一般而言，大多数人的意见通常是对的，别人的经验就是你的行为指南，这为你节省许多不必要的时间和麻烦。

但是，从众心理会使人缺乏分析，降低独立思考的能力，再者，别人的经验是否适合你，还是完全错误（事实往往掌握在少数人手中），因为你不认真思考，无视是非，随波逐流，根本无法辨别，如此，你如何能创造自我价值？

3 与时俱进，不拒绝新事物

一个有本事的人，从不拒绝尝试接触新事物，他们懂得活到老，学到老。他们像一块海绵，总是不停吸收新鲜的营养，既不对新事物恐慌，也不排斥新事物。

诚然，新事物未必全是好的，我们也不必什么都紧追时尚，在这个日新月异的时代，我们要有开放的态度，对新事物保持足够的好奇心和接纳度。如果你拒绝改变自己，你只能被社会无情地淘汰。

再好的马，也比不上汽车，更不用说动车的速度，珠算算得再快，也比不过计算机。

一个词很俗，但它永远正确，就是“与时俱进”。

只有不断学习新知识，掌握新本领，开阔新视野，才能跟上时代步伐，不会被时代抛弃。否则，你不知不觉就成了新时代的野人。

所谓新事物，就是那些符合事物发展客观规律和前进趋势、具有强大生命力的事物，从旧事物内部产生，但克服了旧事物中腐朽落后的东西，汲取了旧事物中积极的因素，所以具有远大的前途和未来。新生事物出现之初，并不容易崭露头角。但是，“任何新生事物在开始时都不过是一株幼苗，一切新生事物之可贵，就因为在这新生的幼苗中，有无限的活力在成长，成长为巨人，成长为力量”。

“我现在这样就挺好，别跟我介绍这个那个的，我懒得学。”

这是很多人拒绝新事物时的话语与心态。

心理学研究表明，人都有路径依赖：一旦做了某种选择，会习惯性地在这条路上一直走下去，并且轻易不肯回头，这种心理限制了我们接受新东西的能力，让我们变得保守、固执、狭隘。

事实上，那些曾经讥笑蒸汽机的达官显贵，后来都放弃了马车。那些曾视互联网为洪水猛兽的专家教授，现在都已离不开它。那些不肯学习用电脑的人，现在连前台收银的活儿都干不了。

世界的前进与发展不以任何人的意志为转移，抵制的态度不但没有用，还会让自己陷入困境。既然改变将要发生，不如早早去适应它、利用它。

我们可以大胆预测，十年后被社会淘汰的就是不会用智能手机、不敢在微信上绑定信用卡、不知道如何在网上学习课程、不了解行业新科技的人。

你一再拒绝这个世界，这个世界就抛弃了你。

很多人都说拥抱变化，但大部分人喜欢维持稳态，哪怕敢于尝鲜的人让他接受突如其来的变化，他也难以接受，我们希望的是可控的变化。而追求稳态的人更希望在可控的范围内不变。

“我现在的生活已经足够好了，在我的幸福标尺中已经到九十分以上，当你再让我做一些别的事时，我不会觉得幸福感能增加，而且还要付出额外的劳动，额外的学习，额外的经历，甚至额外的意外问题，我就不折腾了。”

其实，人做很多事情无非是“趋乐、避苦”，如果一件事既不能让你“避苦”，也不能让你“趋乐”，比如传统公交卡换成手机支付，会有多大程度的“避苦”呢，也不会让你“趋乐”，有时反而觉得手机出了问题怎么办，手拿公交卡心里更踏实，所以对于这类人，他们认为公交卡的这种变化既没有趋乐也没有避苦，他没有改变的动机，你能说他不接受新生事物吗？

但他们不知道，这是与时俱进，还可以节省资源，手机每个人都随身携带，比较方便，而公交卡只有坐公交的用处，随时都有弄丢或忘带的风险。

如果你不接受网络，就会缺乏人与人之间的沟通，现在好多人脉关系，都是通过微信聊天获得的，如果你遇到焦虑要找人倾诉，估计没有人会有时间陪你大半天，因为人与人沟通的方式改变了，要不打电话，要不聊语音，你只有顺着来，不能让时代倒退。

你可以对新生事物嗤之以鼻，但绝对不能漠视它的存在。

其实，接受新生事物是顺势而为，要让自己走得更快，你只钻在自己的世界里，不主动去接受新生事物，你就会面临“被动挨打”的局面。

新出来的偶像艺人你不喜欢，大可不喜欢；新的流行音乐风格你不爱听，大可不听；新的文学风格你不喜欢也不欣赏，大可不看；包括你对新型饮料不感兴趣，只对陈年老酒感兴趣，这些都是你可以自由选择的。

但如果你想变得更好，就必须与时俱进，不拒绝新生事物。

泰戈尔说过：当你错过太阳而流泪，你也将错过流星。

4 培养创新思维

创新，经常成为议题，引发讨论。究竟什么是创新思维？如何才能创新？

所谓创新，就是指用全新的方法来解决现有问题的实践活动。简言之，就是做前人从来没有做过的事。创新必须有创新思维习惯作为依托，这样，人们才会在观察事物、处理问题和解决矛盾时采用全新方法。而创新思维则是以独创的、新颖的，甚至是颠覆性的方式或技术来解决问题的思维过程。

空谈总是容易，不过要真正创新，做前人从未做过的事，想前人所不敢想，是非常困难的。特别是对一些已形成思维定式、总是按常理出牌和看待事物的人来说，要求他们打破常规，用不同方式思考和解决问题，更加困难。这时，我们就需要启用不一样的思维方式，即带有强烈感性色彩和跳跃特点的艺术思维来帮助破局，通过科学与艺术的冲碰，通过理性和感性思维的交锋，方能激发出创新的火花。

无论是在校学生，还是走上社会工作的员工，科学家或者是其他各级各类的人，都少不了具备一点创新思维能力。

只有具备了一定的创新思维能力，才能在发展上更加从容，优势更加凸显。

那么，如何才能培养创新思维能力呢？

1. 保持好奇心和求知欲。好奇心和求知欲是激发创新思维的重要动力。保持对周围事物的好奇心，不断探索和学习，能够让人们不断发现新的问题，提出新的观点。同时，求知欲能够驱使人们不断深入研究，拓展知识的广度和深度。

2. 挑战传统思维模式。传统思维模式是创新思维的最大障碍，要激发创新思维，就要敢于挑战传统的观念和方法，勇于尝试新的思路和解决方案。只有这样，才能突破思维的限制，发现更多的可能性。

3. 拓宽知识面和视野。知识是创新思维的基础。通过拓宽知识面和视野，人们能够接触到更多的信息和思想，从而激发创新的灵感。因此，不断学习新知识、了解新领域、拓宽视野是培养和提高创新思维能力的重要途径。

4. 善于观察和发现问题。观察力是创新思维的前提。只有善于观察周围的事物和环境，才能发现新的问题和机会。同时，发现问题并寻求解决方案的过程也是创新思维的过程。因此，培养观察力是激发创新思维的重要方法之一。

5. 实践与尝试。实践是检验真理的唯一标准。通过实践与尝试，人们能够将创新的想法转化为现实，并在实践中不断优化和完善。实践与尝试不仅能够验证想法的可行性和有效性，还能帮助人们积累经验和教训，进一步提高创新思维能力。

5 机遇只给有准备的头脑

人，只有不断积累实力，当实力积累到一定程度，量变到质变时，机遇便会自动出现。机遇不会从天而降，也不会轻易获得，只有爱思考的人、不断努力的人才能获得机遇。

我们总是感叹，为什么有的人总能得到比别人更多的机遇？为什么面对同样的机遇有人成功了有人却失败了？为什么有些资质原本不好的人却能得到命运的垂青，而某些天资甚佳者却最终庸碌无为？为什么成功者总显得比别人幸运？

所有问题的答案，可归结为一句话：机遇只偏爱那些为了事业的成功做了最充分准备的人。只有在“万事俱备”的情况下，东风才显得珍贵和富有价值。

很多人总是坐着等机遇，躺着喊机遇，睡着梦机遇，盼着天上掉机遇，做“守株待兔”的猎人。殊不知机遇像满天星斗，可望而不可即，即使机遇真的来到我们身边，他也发现不了，更不用说去捕捉和利用了。

机遇真是“神奇”，它给“疑无路”的人带来“柳暗花明”，它让商人散尽千金“还复而来”，它让“屈心抑志”的文人从此“青云直上九重天”。

已过了58岁生日的维克斯，曾是加拿大国会侍卫长，他每天扛着议会权杖步入会场，负责国会的行政和礼仪。

八年以来，他每周都会练习射击和进行其他体能训练，而且每一次都极度认真，从不懈怠。

2014年10月22日，一名枪手杀了一人后冲入加拿大议会大厦。在对方正要开枪乱射时，维克斯向左侧扑地翻滚并开枪击射枪手，出手极快，且一击毙命，从而避免了事态的扩大。

事后，维克斯接受记者采访，对记者赞叹的英雄事迹，他坦然说道：“我的一生都在为此刻做准备。”

第二日，加拿大国会复会，维克斯一如往常进入议会大厅，全体国会议员起立鼓掌，以示尊崇和感谢。后来，维克斯被加拿大总理任命为新一任加拿大驻爱尔兰大使。

不侥幸、能时刻思考并做好准备，是一个人最难得的品质之一。做好当下的每一次准备，就是为自己的未来负最大的责任。

所以善于思考的聪明人，都懂得先准备好自己。

2023年初，华为海思总裁何庭波《致员工的一封信》刷爆网络视频。信中他说道，如今美国政府对华为的打压，华为早在十五年前就有所准备。包括芯片在内的很多高科技零部件，华为做了充足的“备胎”。

“这是历史的选择，所有我们曾经打造的备胎，一夜之间全部‘转正’。”

任正非随后也表示：“所有高端芯片都可以自己制造；5G 也不会受影响，而且两三年内别人追不上我们。”

消息一出，何止华为员工，看到视频的国人都非常振奋，更加敬佩华为公司深谋远虑的战略方案。

正因为任正非和华为从不相信侥幸，在过往的十五年里，他们在研发自己的技术备用上耗资巨大，而且研发从未停止过。

正是这种时刻准备着的精神，让华为在遇到突发情况时可以“坦然”应对。

我们常叹命运不公，那些毫无准备的人获得了某种机遇，但从长远来看，靠运气获得机遇的人，很少人能有所建树。许多成功者不仅是开拓机遇、捕捉机遇的能手，而且还有发掘潜能，高效运用机遇的能力。他们的成功启示我们，一定要提高机遇的利用率，把机遇发挥到最大值。

不要坐等机会出现，机会是自己创造的，只要你开始行动，机会便随之而来。机遇只偏爱那种有准备的头脑。

第八章

坚持原则与底线——别被人 PUA

人活着，失败不可怕，可怕的是失去了原则与底线，原则与底线丢了，你就真的变“穷”了，你不是你，你甚至被人 PUA（精神控制），那谁也帮不了你。

原则与底线是心灵的指南针，指引我们在生活的海洋中航行，不偏不倚，始终如一。

第八章

坚持原则与底线——别被人 PUA

1 忍无可忍，无须再忍

小不忍则乱大谋，要想成大事必须暂时忍小痛，但是“忍”要有原则：不该忍的忍，那是懦弱；该忍的不忍，那是鲁莽。

有的人性格天生温和、善良，但他们心里清楚，对什么人可以忍，对哪些人不能忍。如果你带着“讨好”的态度去忍，那就大错特错。靠忍耐去换取别人的好感，那只能说明你没有任何能耐。

你一味地忍让，别人就会觉得你比较软弱，分不清是非。久而久之，你自己也搞不清什么是对，什么是错。忍久了，你也很压抑，很郁闷；忍的次数多了，你也很痛苦。这不仅损害了健康，还让你看不到希望，害了自己，同时也放纵了别人。

林语堂曾说过中国人最糟糕的特点之一就是遇事忍耐。他承认：忍耐是国人崇高的品德，但这种品质走得太远，以至于变成了一种恶习。

而真正的忍，是有底线的。忍字拆开，就是心上悬着一把刀，中间有个度。待在合适位置，心便无大碍，若逾越界限，刀掉在心上，就会流血不止。

万事皆有度，忍过了头，便是滔天骇浪。

林语堂说："培养人的学校却是中国人的大家庭，这里有一大群的妯娌媳妇，姐夫妹夫，内兄内弟，大伯小叔，父亲儿子等等，他们从孩提时起，就从实际的需要和父母的教诲之中，学到忍让。"

没有原则、没有底线地让别人忍一忍，无疑是在纵容恶人作恶，让好人无底线地懦弱。哪怕反抗的结果是断绝来往，甚至付出更惨重的代价，你也得奋力去做。哪怕你力不从心，或遭来更大的侵犯，你也得坚强去抗争，因为你要相信邪不压正，不管结果如何，你要对那丑陋的灵魂予以迎头痛击，让他知道，你也不是吃素的。

所谓"忍无可忍，无须再忍"，当你无路可退时，不能选择忍让，也不能坐以待毙，必须懂得抗争，与人抗争，与命抗争。

都说菩萨低眉，我佛慈悲。殊不知，菩萨亦有金刚怒目之时。

少时看《水浒传》，最喜欢鲁智深，性情爽快，绝不忍让。那时觉得林冲很风，被人欺负了，还一直忍让，坏人就得寸进尺。但后来才觉得鲁智深现实中少有，而林冲却是我们每个人的缩影。只是林冲最终反抗了，我们却在忍让的路上越走越远。

要么在忍耐中自毁，要么在忍耐中爆发。

当忍无可忍，便无须再忍。一切忍耐都有底线和原则。

2 对不合理要求，勇于说“不”

社交当中，说“不”是很难的事，怕别人误解你，怕别人不与你交往，怕得罪朋友，但如果你不懂得拒绝，有时麻烦会更多，尤其是那些你根本做不到的事。

明人潘游龙的《笑禅录》里有一则小笑话：甲乙二人是好朋友。一日，甲生病了，愁眉苦脸。乙前来探望，问：“兄是何病？有什么需要我办的吗？我都能为你办。”甲说：“我是害了银子的病，只需要二三钱便够了。”乙立即假装没听清，咽了咽唾沫说：“啊，啊，啊，你说什么？”

笑话本意是在讽刺虚伪的友谊，但从中我们也能体会到拒绝别人的不合理要求时，人通常会产生尴尬。

生活中，我们常遇到他人的请求，比如朋友问你借钱，或要你帮忙做某事，下属对你提出加薪的要求等。如果你对这些请求并不愿意接受，却又不好意思说“不”，就会陷入十分为难的境地。若是违心答应，心里却别别扭扭；若是假装答应却不做，又失信于人；甚至如笑话中的那人，干咽唾沫，却不知所措。

一般情况，我们应尽可能地帮助朋友，乐于助人是做人的美德，但帮人不能没有原则，对方的请求不合时宜或不合情理，我们没有义务一定要帮忙。有人爱贪便宜，见你有好东西，比如好字画、盆栽摆设，便大大咧咧地张口："送给我吧！"这种夺人所爱的请求也让人反感；还有些请求是强人所难，或根本就是无理要求，对这些请求，我们老大不乐意，为什么要点头答应呢？究其原因，大概有以下几点。

1. 接受比拒绝更容易。

2. 担心拒绝后会触怒对方或受到报复。

3. 为了给人一个好印象。

4. 不了解拒绝的重要性。

5. 不知如何说"不"。

其中，不知道如何拒绝是令人最犯难的事，但如果你掌握了一些技巧，也就不难了。

1. 认真听完对方提出的要求。哪怕他述说的半途中，你已知道非加以拒绝不可，你也要等他把话讲完。这样做是为了更确切了解他请求的内涵，也是给对方的尊重。

2. 如果你无法当场作出接受或拒绝的决定，你就要告诉对方你还需要考虑，并告诉他所需考虑的时间有多长。你可以说"明天我再答复你"或"让我先了解一下情况，过两天给你个准信儿"，但你绝不能把"需要时间考虑"作为拖延不决的挡箭牌。

3. 在你拒绝时，应该表明你对他的请求是认真考虑了的，你也了解了对方提出这一请求的重要性。

4. 拒绝他人时，你表情要和颜悦色，最好带一句：“谢谢你对我的信任，不过……”你可以略微表示歉意，但切忌过分表达歉意。

5. 拒绝时，你除了和颜悦色，还要显露出坚定不移的态度。你要给他暗示，对方再三请求也改变不了你拒绝的决定。

6. 最好能给对方说一说你拒绝的理由。你可以说：“真抱歉，这一次我无法为你效力，希望你不要介意。”如果你讲了理由，对方试图推翻你的理由，你切记不可和对方争辩，只需重复拒绝就好。

7. 要让对方了解你拒绝的是事，而不是他这个人，你是对事不对人。

8. 拒绝以后，若有可能，你可以为对方提供处理他的请求事项的其他可行途径，但要避免建议他试着找其他可能更有办法的人。因为你给其他人带来了麻烦事，他会对你有意见，认为你是“嫁祸于人”，而被你拒绝的人，也会认为你在搪塞他，对你反感。

9. 切忌通过第三者拒绝他人的请求。这会让对方认为你既缺乏诚意，又怯懦不敢面对。

前人说过：“你说得是，我便听从；我不是听从你这个人，而是听从‘是’，哪有什么私心？同样，你说得不是，我便不听从；我不是针对你这个人而不听从，我是不听从‘不是’，哪里是（对你）有什么不满意？”

别忘了，说“不”也是我们的权利。

3 拒绝“义气”，那是屠夫帮手

做人讲哥们儿义气很重要，但遇到事只讲义气而鲁莽失智，万万不行。为朋友两肋插刀，这种义气谁都有。义气是做人交友的原则，但我们讲义气也要有所取舍，盲目的义气使不得。

为人处世有两条标准：一是以做好事为标准，二是以处好人为标准。有人把前者作为最终目标，而有人却以后者为目标。

要是以后者为目标，他的一切将以讨好别人为出发点，以情面为准则，这种人是肯定做不了好事的。光凭义气行事的人就是以处好人作为目标，似乎一辈子有很多哥们儿夸他够义气，他就心满意足了，这是很不足取的。

我们常说在家靠父母，出外靠朋友。朋友之间的互相帮助无可厚非，但如果掺入“义气”两字，就要小心。有人能清醒、理智地对待问题，能以遵纪守法为重；有人则把“义气”当天，哪怕冒着犯法的危险，也义气冲天，到头来不仅害了自己，还害了别人。

少年是斗志昂扬的，但“斗”不是斗殴的斗。

不要因为所谓的“义气”和“兄弟”错上加错，莫要让冲动的魔鬼占据理智的大脑！

在当今社会，倘若义气没有社会正义做依托，就有可能沦为“骗子的屏风，屠夫的帮手”，所以我们提倡的是见义勇为，而不是不讲原则道德的“两肋插刀”。

讲义气就如同成功离不开执着，但是，有很多人就是过于执着，最终导致失败。义气也是如此，人与人之间讲义气也不可以过分，过分的义气不可能保持永远；交情也不可以过于亲密，因为亲密的交情不可能永久保持不变。

人要讲义气，但首先要学法，把法律牢牢地记在心头，当你知道犯法时，“义气”就要放下。

其次，不要轻易承诺。有些人为了面子随口承诺别人，然后为保面子铤而走险，结果是丢了大面子，还让自己吃了哑巴亏。

最后，该拒绝别人时一定要拒绝。如果明摆着是犯法的事，对方不顾你的死活，让你冒险犯法，不是你不够义气、不够朋友，而是他动机不纯。朋友首先应为对方考虑，如果为了自己的利益而让朋友去冒风险，那是卑鄙的人设，你完全可以理直气壮地拒绝。

4 自持自制：心事宁可烂在肚子里

普通人有一个共同的毛病：肚子里搁不住心事，有一点点喜怒哀乐，就总想找个人谈谈；更有甚者，不分时间、对象、场合，见什么人都把心事往外掏。

这原本没什么不对，好的东西要与人分享，坏的东西不能让它沉积在心里，说出去会轻松很多，只是要说可以，要有自己的原则，不能随便说，更不能见人就说，因为每个倾诉对象不一样，一定要该说则说，不该说千万别说。

所以，处理心事一定要慎重，因为心事的倾吐会泄露一个人的脆弱面，脆弱面是人的弱点，这会让他人改变对你的看法，虽然有人会欣赏你“人性”的一面，但更多的人会看不起你，最糟糕的是脆弱面被别人掌握，等哪天你们不和谐闹矛盾时，会成为你的致命伤，这不一定会发生，但你不得不预防。

还有，有的心事带有危险性与机密性，例如你在公司或单位承担的压力与牢骚，你对某人的不满与批评，当你把这些心事一吐为快给他人时，很有可能他日被人拿来当成威胁你的武器。

那么，对好朋友说说心事总是可以的吧！答案还是不可随便说，你说的心事要有所筛选，因为你目前的好朋友未必是你未来的好朋友，你必须了解人性，一旦翻了脸，好朋友成仇敌的，比比皆是。

哪怕对家人，或者枕边人，也不可强硬吐露心事。假如你跟你的配偶说了，但对方不能与你感同身受，甚至对你产生误解，把你的心事说给他人听……

心事是你心里的秘密，只可留给自己，千万不能搁不住心事，成为别人要挟你的把柄，我们必须做到自持自制。

也许你会认为那太限制自我发挥，是一种自设牢笼、自我封闭的方式。

这就要明白自持和自制，自持、自制就是给自己立法，并以这种法来约束自己。古人讲究“慎独”，所要求的不仅在公共场合，而且在独处时都能够服从某种伦理观念和法律规范。

不难发现，大凡能留住心事、内心守矩之人，说话基本能自持自制，能克制自己。

然而，闭紧心扉，心事“滴水不漏”也不是好事，这样你就成了一个城府深、不可捉摸与亲近的人。如果你本就是这样的人，那无所谓，如果不是，给别人这种印象是不好的。

应该如何做呢？

偶尔说说无关紧要的“心事”给你周围的人听，以降低他们对你的揣测与戒心。

5 要有原则与底线——无愧于心，无怨无悔

经常听到一些性格内向、腼腆的人说：“在工作或生活中，总是被一些比较强势的同事或朋友欺负，自己觉得很委屈、很纠结痛苦，却又不知道该如何去拒绝！”

表面上看，这是因为性格内向、腼腆导致的，但这只是问题的表象，而问题的本质是这些人一直没有对一些事情或做事的方式建立自己的底线原则。

一个没有底线的人，别人就会践踏你的原则，最容易被别人控制。反过来你没有了原则，别人对你的要求自然就没有了底线。

有这样一则奇葩新闻。

甲喜欢赌博。多次以各种理由向朋友乙借钱。借了好几万，但一分都没还过。后来甲再来借时，乙就坚决不借。

遭到拒绝的甲竟然心生怨恨，趁乙一家出去旅游时盗窃了他家。后来，甲被警察抓住了，其老婆跑到乙家里痛哭流涕：“孩子还小，求求你放过他！”

乙心软了，就选择了私了，并像从前一样把甲当作朋友对待。

不久，甲又来借钱：“想做生意。”乙不想借，便说：“我也

需要用钱。”甲就怒了：“你一不换房二不换车，哪里需要用钱呀？”

几天后，乙被人一棒打晕在街上。

警察一查摄像头，发现是甲所为。甲赔了钱，然后又被拘留了。于是甲更加不满，便经常上门找乙麻烦。乙不堪其扰，最后只好举家搬到了另一个城市。

看完这则新闻，我心里很是感慨：一个没有原则的人，最容易被他人控制。当你为照顾他人的想法而一再忍让时，当你为取悦他人而一再牺牲时，你就成功塑造了一个毫无原则的自我，既然你“没有了原则”，人家对你自然就“没有了底线”。

人善被人欺。这个表达不是很好，好一点的表达应该是：人尿被人欺。

这就是你不断突破自己的底线，不断给对方下限，不断告诉他们，你是全能的、没底线的、任人使用的。

其实不是别人欺负你，是你告诉了别人：来吧，我很好欺负的。

人一旦没了原则底线，就会无下限，就会做出一些伤害别人的事情。

做人要有原则，没有原则的人，就像断了线的风筝一样，迟早会从空中坠落，最后的结局，一定不会美好。你的原则不仅可以约束自己，同时也能保护自己，不过，它最重要的作用是为了让自己不迷失方向，忠于自己的内心，走在正确的道路上，活出自我。

做人，一定要有底线。穷时，骨气不能丢；富时，良心不能无；顺时，陷阱要提防；难时，信念要加强；成时，谦虚要保留；败时，勇气要坚守。

人这辈子，要么穷，要么富，要么顺，要么难，要么成，要么败，但是，只要你坚守住自己做人的原则与底线，不管你身处何种境况，都能很好地应对，活得无愧于心，无怨无悔。

第九章

懂得感恩——选择爱我所爱

我们的手掌不大，容纳不下太多的东西。

我们的内心有限，容纳不了太多的人。

所以选择爱我所爱。

感谢生命中拉你一把的朋友，在你最无助时给你力量，在你淋雨时给你撑伞。

人生最幸福的不是金钱几车，财富如山，而是身边有真心实意对你好的人。

感恩，遇见！

1 亲情——越经营才能越亲

当遇到困难时，人们肯定会想到找亲戚帮忙。亲戚之间大都有血缘或亲缘关系，这种特定的关系决定了彼此之间联系的亲密性。俗话说，不是一家人，不进一家门。作为亲戚，对方也都会很热情地向你伸出救援之手。

但必须注意的是，亲戚关系又是一种比较复杂的关系，主要表现在亲戚之间存在着多种差异，比如经济的、地位的、地域的、性格的等差异。这些差异既可能成为彼此交往的原因，也可能成为产生矛盾的原因。

因此，亲戚关系和其他关系一样，在与亲戚交往中同样要用心经营，掌握并遵循亲戚交往中的一些规律，如此彼此的关系才会越来越亲密；反之，如果违背了这些规律，亲情也会变得陌生。

那么，亲戚之间互相交往，怎样使彼此关系更融洽、更牢固呢？

1.亲兄弟也要明算账。求助过程中，为了经济利益问题而得罪人，在亲戚之间是屡见不鲜的。比如亲戚之间的借钱借物等财物往来是常有的事。有时是为了救急，有时是为了帮助，有时就是赠送，情况不同，但都体现了亲戚之间的特殊关系，把这种财物往来当成表达自己心意和特殊感情的方式。

作为受益的一方在道义上对亲戚的慷慨行为应给予由衷的感谢和赞扬。如果他们把这种支持和帮助看得理所应当，不做一点表示的话，对方就会感到不满意，而影响彼此的关系。

另一方面，对于属于需要归还的钱物，同样是不能含糊的。这是因为亲戚之间也有各自的利益，一般情况下应把感情与财物分清楚，不能混为一谈。只要不是对方明言赠送的，所借的钱物该还的也要按时归还。有的人不注意这个问题，他们以为亲戚的钱物用了就用了，对方是不会计较的。如果等到亲戚提出来时，那就不好看了。

对于来自亲戚的帮助要注意给予回报，这既是加深友谊的需要，也是报答对方帮助的必要表示。如果忽视了这种回报，同样会得罪人。

总之，亲戚之间的钱物往来，既可以成为密切感情的因素，也可能成为造成矛盾的祸根。

2. 不要强人所难给对方出难题。亲戚之间虽有辈分的不同，但是也应当相互尊重，平等对待。特别是在彼此之间有地位、职务的差异的情况下，更应如此。

常言说："贫居闹市无人问，富在深山有远亲。"这就是说，就亲戚而言，财大的、地位高的人对于比不上他们的亲戚是很有吸引力的。地位低的人总是希望从地位高的一方那里得到一些帮助，同时在他们提出自己的请求时，又怀有极强的自尊心。

在这种情况下，如果地位高的一方对来求助的亲戚表示出不欢迎的态度，那就很容易伤害对方的自尊。

一般说来，地位低的人对于被小看是很敏感的，只要对方露出哪怕一点冷淡的表示都会计较、不满，造成不良的结局。

还有另一种情况，就是有些人求亲戚办事，特别是办一些有违原则的事，人家没办就心怀不满，说人家不讲情谊之类的话，这也是很使人伤心的。

在有地位差异的亲戚之间最常见的矛盾是在求与被求之间，是在不能满足对方要求的情况下发生的，因此，如果遇到这些问题，一方应注意尽量地满足对方的需求，另一方则应考虑对方的难处，尽量不要给人家出难题，即使因客观原因不能满足自己的需求，也应给以谅解，不能过多计较。

3. 要体谅亲戚，不要为所欲为。“亲戚越走越亲”是一般原则。但是，看你如何走法。

过去走亲戚可以在亲戚家住上一年半载，现在就多有不便。大家都有工作，都有自己的生活习惯，住的时间过长很多矛盾就会暴露出来。

还有的人到亲戚家做客一点也不体谅对方，而是任着自己的性子来，这就给主人带来很多麻烦，也容易造成矛盾。

比如，有的人有睡懒觉的习惯，每天要睡到太阳升起来才起床，他们到亲戚家也不改自己的毛病。主人要照顾他，又要上班，时间长了就会影响主人的工作和生活的正常秩序，进而影响彼此的关系。

还有的人不讲卫生，到了亲戚家里，烟头到处扔，人家收拾不迭。

如果时间不长，人家还可能忍耐克制，要是日子长了，矛盾就会暴露出来。

因此，在亲戚交往中也有一个优化自己的行为方式的问题，如果方式不当就会得罪对方，这样在你需要帮助时对方便很难伸出手帮助你了。

血浓于水的亲情永远是我们心灵的寄托，是我们遇到困难时的救星。但是亲戚也是凡人，所以我们要在平时加深并保持与亲戚们血浓于水的亲情，这样在你有求于他时，他才会鼎力相助。

2 同学情，最纯真

同学关系可以说是人生的一笔巨大财富。

因为在学生时代，人们年轻单纯，热情奔放，对人生对未来充满浪漫的理想，而这种理想往往是同学们共同追求的目标，所以同学关系是最纯洁的。曾几何时，彼此在一起热烈地争论和探讨，每个人的内心世界都袒露在别人面前。加之同学之间朝夕相处，彼此间对对方的性格、脾气、爱好、兴趣等都能够深入了解。

即便你在学生时期不太引人注目，交往的范围也很有限，你也大可不必受限于昔日的经验，而使想法变得消极。因为，每个人踏入社会后，所接受的磨炼均是不同的，绝大多数的人会受到洗礼，而变得相当注意人际关系。因此，即使与完全陌生的人来往，通常也能相处得好。由于这种缘故，再加上曾经拥有的同学关系，你可以完全重新展开人际关系的塑造。换言之，不要拘泥于学生时期的自己，而要以目前的身份来展开交往。

谁没有几位昔日的同窗，说不定你的音容笑貌还存留在他们的记忆中，千万不要把这种宝贵的人际关系资源白白浪费掉。那么请从现在开始，努力地去开发、建设和使用这种关系吧。

那么我们该如何利用同学关系呢？

姚崇是唐玄宗时期有名的宰相，权倾当朝。

在姚崇的同窗之中，有一人深得姚崇的敬佩，那是在姚崇高中秀才后，与一位叫张宗全的秀才同拜在一位老师门下继续深造，以期将来能考中进士，光宗耀祖。

一次，老师要姚崇与张宗全就某个题目写一篇文章，两天之后他要考核。这两位学生下去都精心做了准备，将自认为写得最好的一篇交了上来。事有凑巧，姚崇与张宗全所写的内容几乎完全一样，且观点也相当一致，这如何不使老师恼火？没想到自己门下两位最得意的门生敢剽窃他人作品，这如何了得？

看到这种情况，姚崇据理力争，声明文章绝非剽窃。而张宗全作品也非剽窃他人，但为了平息老师的怒火，他就对老师说：

“这实属学生不该，前两天与姚崇兄弟论及此题，姚兄高谈阔论，学生深感佩服，遂引以为论。”

老师听到这番话，也知错怪了两位学生，就平息了心中怒火。事后姚崇心里为此深感佩服，为张宗全的广阔胸襟所感动。姚崇当了宰相以后，遂向唐玄宗推荐此人，唐玄宗在亲自考核张宗全的才华之后，深以为信，便封了他一个正三品官衔，专职外藩事务。

可见，人情在同窗关系中的作用是多么巨大！张宗全就很巧妙地用了这个技巧，在一些较无关紧要的场合中，自己吃些小亏，做些让步，送个人情给对方，使姚崇一辈子都记住了这个人情，最后使张宗全获得了一辈子的荣华富贵。

有人说："同学之情只有几年，一旦缘尽则情尽，没什么可值得留恋的。"

这其实是很错误的想法，要知道，大千世界茫茫人海，既为同学，实是缘分不浅。虽相处时间不长，但这中间的关系值得珍惜，值得持续下去，这不是多此一举，而是实属必要！当你与同学分开后，还能保持一种相互联系、历久弥坚的关系的话，那对你的一生，或者说对你将来所要达到的目的与理想是会有很大帮助的，其中的有利方面，也许是你所未想到的。

三国时蜀汉的创建者刘备有这样一个小故事。那是刘备还在读私塾时，由于刘备讲义气、聪明，因此成了同学中的头，在这几年中，他经常帮助其他同学，与他们的关系处得非常好。后来长大了，大家都有自己的道路要走，刘备与这些要好的同学也就各奔东西了。

但是，虽然大家分开了，刘备却很注重经常与同学保持联系。其中有一位叫石全的人，是刘备读书时最合得来的朋友，石全读书后，仍回家继续侍奉自己的老母亲，以尽孝道，靠打柴卖字画为生。刘备不嫌其清贫，经常邀请石全到家里做客，共同探讨当时的天下形势，这样的聚会每次都很成功，刘备与石全的关系也在不断地加强，情同手足。

后来，刘备为了实现自己心中宏伟的目标，就带起一支队伍参加了东汉末年的大混战。初时，刘备的军事实力很小，不得不依附他人，在一次交战中，刘备所带的军队被全部歼灭，只他一人逃脱，被石全给隐藏起来，才逃过了一劫。

可见，同学关系有时在很危急的关头能帮上大忙，能起到排忧解难的作用。但是，一定要记住的一点是，这中间的好处是来自自己的努力，如果在你与同学分开之后并没有经常性的相聚，那关系之好又从何谈起，从中受益就更是一纸空文了。所以，只要你有这份心、这份情，真诚地维持分开之后的同学关系，那你的人际面会更加广阔，路子也会比别人多出几条。

3 别忘了贤内助

一个中年男子跟他老婆在餐厅吃饭，此时，餐厅老板前来打招呼。

中年男子道："噢，我的天，这是你的前男友？"

他老婆回道："是的。"

中年男子调侃道："你要是不嫁给我，嫁给他，你现在只能当餐厅老板娘……"

他老婆看着他，笑了笑，严肃道："不，那他会是美国总统。"

这个故事看似幽默好笑，却又很严肃认真。

中年男子叫奥巴马，而他老婆是米歇尔。

奥巴马竞选总统，米歇尔居功至伟。

米歇尔比奥巴马能力更强，帮助没有任何背景的奥巴马成为总统。她比奥巴马早三年从哈佛大学法学院毕业，比他早进律师事务所工作，是奥巴马的师傅。米歇尔为了照顾奥巴马和家庭，退居幕后，做起家庭主妇。她的牺牲，换来了丈夫事业的上升。没有米歇尔的野心鼓励，或许奥巴马不能连任总统。奥巴马花了四年时间，才追到自己心中的白月光。

根据米歇尔在自传《成为》中回忆说："奥巴马的习惯可能会令人气愤，尤其是对孩子这方面，因为他总是沉迷于自己的学习中，把自己锁在小房间里工作。"言外之意，米歇尔承担了家庭的重任。奥巴马的小男人气质只体现在感情表达方式上，这不是所有女人都能接受的。

如果这些不算差，对于奥巴马，还有更差劲的表现。

少年时期的奥巴马是个十足的瘾君子和街头小混混。在他心中，传统的美国中产阶级完全没有归属感。少年的他表面淡然，内心却焦虑不安。他无比颓废，学习成绩也很糟糕，整日在街头瞎晃荡，在家选择长时间地看电视、听广播，他甚至尝试借助烟酒和大麻寻找精神世界。

20 岁那年，风华正茂的奥巴马来到纽约，他决定开启新的生活，努力把握人生的方向。他开始戒掉毒品，为了戒毒，每天将大量的时间放在学习上，并且早出晚归，全身心地泡在图书馆里，还每天坚持跑步三英里，通过加强运动来提高自己的体能。

奥巴马后来回忆说："当我回头看这一切时，认为那确实是一段严酷而认真的人生。在纽约，我准时上课，认真听讲，然后便是回家看书或者写作。"

1985 年，奥巴马深切体会到要想真正改善社区和居民的生活，只在本地努力是不够的，还必须有政治和法律上的改变。因为这一信念，所以后来他决定去哈佛大学继续深造学习法学，这也是他一生命运的转折点。大学毕业后，在律师事务所工作，认识了他的领导，也是他的夫人——米歇尔。

在米歇尔身边，奥巴马总是黏人的，就算他做了总统，还是很依赖妻子。米歇尔有思想、有见解，深得民众喜爱。

平时，奥巴马感谢米歇尔的付出，甘愿化身小男人，伏在妻子肩头撒娇。米歇尔非常务实，又很无私，奥巴马在这样的妻子面前，才愿意拿出小男人的一面，他们互相包容，用爱成全了彼此的人生。

每个成功的男人后面都有一个成功的女人。这句话具有很深刻的道理。不可忽视“小女子”对你的经营才能的影响。有一位合作的妻子帮助你，会使你的经营走向更大更快的成功。一个“讨人喜欢”的妻子，可能是你人生之旅的有力后援者。而一位不合作的妻子，可能是你人生之旅的破坏者，她甚至有可能使你成为一个庸碌无能的失败者。

一个妻子如果会为你牺牲、付出，又毫无怨言，喜欢接触人又天生爱社交的妻子，将无可估量地增加她丈夫的冲劲。

夫妻本是同林鸟，你在前线奋斗，你妻子没有理由不支持你。即使她阻碍了你，那也是因为帮助的方式不对。作为一个成功型的男人，要积极引导妻子以正确的方式帮助你，成为你人生的后援者。

只是成功了的男人，切记你成功了，一定要感恩你的妻子，因为你能有今天的成就，还有她默默地无私奉献。

4 与伙伴们分享荣耀

正确对待荣誉的三种方法是：感谢、分享、谦卑。

美国有家罗伯德家庭用品公司，八年来迅速发展，利润以每年18% ~ 20% 的速度增长。这是因为公司建立了利润分享制度，把每年所赚的利润，按规定的比率分配给每一个员工，这就是说，公司赚得越多，员工也就分得越多。员工明白了水涨船高的道理，人人奋勇，个个争先，积极生产自不待说，还随时随地挑剔产品的缺点与毛病，主动加以改进。

与人合作，有福同享，有难同当。当你在工作和副业上干出点名堂，小有成就时，这当然是值得庆幸之事，你也应当为自己高兴。但是有一点，如果这一成绩的取得是大家集体的功劳，或者离不开他人的帮助，那你千万别独占功劳，否则他人会觉得你好大喜功，抢占了他人的功劳，如果某项成绩的取得确实是你个人的努力，当然应该值得高兴，而且他人也会向你祝贺。但对于你来说，千万别高兴得过了头，一来可能会伤害有些人的自尊心，另一方面现实社会中害“红眼病”的人不少，如果你过分狂喜，可不逼得人家眼红吗？

有一位卡凡森先生很有精力，他是一家出版社的编辑，并担任出版社下属的一个杂志的主编。平时在单位里上上下下关系都不错，而且他还很有才气，工作之余经常写点东西。有一次，他主编的杂志在一次评选中获了大奖，他感到十分荣耀，逢人便讲自己的努力与成就，同事们当然也向他祝贺。但过了个把月，他却失去了往日的笑容。他发现单位同事，包括他的上司和属下，似乎都在有意无意地和他过意不去，并回避着他。

过了一段时间，他才发现，他犯了“独享荣耀”的错误。就事论事，这份杂志之所以能得奖，主编的贡献当然很大，但这也离不开其他人的努力，他们当然也应分享这份荣誉。他们不会认为某个人才是唯一的功臣，总是认为自己“没有功劳也有苦劳”，自己“独享荣耀”，当然会引得别人不舒服，尤其是他的上司，更会因此而产生一种不安全感，害怕失去权力。

所以，当你在工作上有特别表现而受到肯定时，千万要记住一点——别独享荣耀，否则这份荣耀会给你的人际关系带来障碍。当你获得荣耀时，应该做到以下几点。

1. 与人分享。别人或许不羡慕你得了多少利润，而是那种取得成绩的感觉，你应主动和口头上感谢他人的帮助与合作。你主动与人分享，这让旁人有受尊重的感觉，如果你的荣耀事实上是众人协力完成，那你更不应该忘记这一点。你可以采取多种方式与人分享，如请大家吃几颗糖，或请大家吃一顿饭。这样大家就不会说什么了。

2. 感谢他人。要感谢同人的协助，不要认为这都是自己的功劳，尤其要感谢上司，感谢他的提拔、指导、授权。如果实情也是如此，那么你本该如此感谢；如果同人的协助有限，上司也不值得恭维，你的感谢也有必要，虽然显得有点虚伪，但却可以使你避免成为他人的箭靶。为什么很多人上台领奖时，他们首先要讲的话就是："我很高兴！但我要感谢……"道理就是如此。这种"口惠而实不至"的感谢虽然缺乏实质意义，但听到的人心里都很愉快，也就不会妒忌你了。

3. 为人谦卑。得了荣誉，当然要沾沾自喜，有些人往往还会得意忘形。这种心情是可以理解的，但旁人就遭殃了，他们要忍受你的气焰，却又不敢出声，因为你正在锋头上。可是慢慢地，他们会在工作中有意无意地抵制你，让你碰钉子。因此有了荣耀时，要更加谦卑。不卑不亢不容易，但"卑"绝对胜过"亢"，就算"卑"得过分也没关系，别人看到你如此谦卑，当然不会找你麻烦、和你做对了。

当你获得荣耀时，对他人要更加客气，荣耀越高，头要越低。另一方面，别老是提及你的荣耀，说得多了，就变成了一种自我吹嘘，既然你的荣耀大家早已经知道，那你何必要总是提及呢？

"社牛"的人不会独享荣耀，说穿了就是不要去威胁别人的生存空间，因为你的荣耀会让别人变得黯淡，产生一种不安全感。而当你获得荣誉时，你去感谢他人、与人分享、为人谦卑，这正好让他人吃下了一颗定心丸，人性就是这么奇妙。因此，当你获得荣耀时，一定要记住以上几点。如果你习惯了独享荣耀，那么总有一天你会独吞苦果！

5 感谢大雨中为你撑伞的人

村上春树说："你要记得那些大雨中为你撑伞的人，帮你挡住外来之物的人，黑暗里默默抱紧你的人，逗你笑的人，彻夜陪你聊天的人，坐车来看望你的人，陪你哭过的人，在医院陪你的人，总以你为重的人。是这些人组成了你生命里一点一滴的温暖，是这些温暖让你远离阴霾，是这些温暖让你成为善良的人。"

在这个世界上没有人有义务对你好，对于一件事情，别人帮你是情分，不帮是本分，千万不要把这些看作是理所应当。

如果没有他们，那么在你的生活里，其实就会减少了 80% 的温情，多了 20% 的冷漠，千万不要觉得这些无关紧要。

有人说：在一个人还年轻的时候，更多的是在经历，但当到了一定的年纪之后，更多的就是在体味这些经历，从这些经历里获得新的感悟，在面对曾经的这些人、事、物时，心中往往怀揣着的就是一份感恩。

感谢曾经的时光，有他们陪伴，也感谢在那些难熬的日子里，他们能够带给我们继续向前走的勇气。

如果说，将那些不好的经历看作一场突如其来的大雨，那些愿意帮助我们的人就是在雨中愿意给我们撑伞的人。

古话说："滴水之恩，当涌泉相报。"

在这些人里，几乎所有的人都并不需要你回报什么，也不需要你付出什么，可能更多更大的是出自他真的把你当作了朋友，至少在那段时光里，他是想让你变得更好。

而到最后，我们也终究会明白那些在一起喝酒吃肉的朋友未必是真朋友，而在你需要的时候肯向你施以援手的人往往最值得深交。

所以，心怀感恩地去生活，懂得感恩才会拥有，懂得感恩才会长久，感谢这一路走来，那些为你撑伞的人，有他们，才有了现在的你。

那些和你没有血缘关系，还对你特别好的人，是上天送来的礼物。

我们这一生都在不停地遇见，遇见亲人、遇见爱人、遇见知己……茫茫人海中，要有多大的概率，多深的缘分，才能彼此碰到。尤其是与父母亲人、兄弟姐妹的缘分，有斩不断的血缘关系，情味更浓。无论什么样的缘分，遇到了就好好珍惜，莫错过。

他付出，不求回报；他给予，没有索取。

提携你，是因为在乎你；帮助你，是因为珍惜你。

谁对你三分热度，谁对你一如既往？

感恩生命中那些为我们撑伞的人，正因为有了他们的帮助，才有了更好的我们。

杨绛说："唯有身处卑微，最有机缘看到世态人情的真相。"

第九章

懂得感恩——选择爱我所爱

有些人对你好，是因为你能给他带来好处；而有些人对你好，是因为他本身就足够好。生命中，我们不缺朋友，我们缺少的是在你低谷的时候，仍旧真心对你的人；前行中，我们不缺陪伴，我们缺少的是在你受挫时，愿意停下支援的人。

这个世界，锦上添花随处可见，因为谁都可以做。患难相扶，却未必有，因为谁都怕惹祸。那在你最为失意的时候，还愿意陪伴在你的身边，帮你排忧解难，助你渡过难关的人，值得一辈子去感恩，去珍惜。

患难相扶的情义，才最深刻；风雨同舟的陪伴，才最暖心。

你有没有这样一瞬间：在最为迷茫的时候，真的不知道走向何方；在你受挫的时候，真的不知道哪有公平。这时候，如若有一个人，给你安慰，给你力量，支持你，信赖你，鼓励你，你终会看见曙光，坚定不移地走下去。

人啊，都不容易，这个世界，谁不忙碌？谁不累心？谁会抽出时间护你周全？有时候，我们心真的累了，想就此休息，想说声放弃。这时，如若有个人告诉你，在他心里你是最好的，是独一无二的，你已经做得很好了。

他未必能给你带来锦绣前程，却会让你内心升起希望，这种希望，终会如星星之火能够燎原。为你着想、一心对你好的人不多，如若遇见，值得一生去深交。

人生这辈子，最大的幸运，就是遇见一个人，慧眼识英雄，能发现你这颗蒙尘的珍珠。有时候，我们觉得人生不如意，处处受限，并不是我们不够努力，而是选错了方向。

在你真的受挫的时候，如若有人懂得你，看好你，给你平台发挥你的长处。这个时候，身处低谷的我们，就会立马变得意气风发。

人生最大的运气，就是遇见一个懂你，愿意信任你，一直支持你的人。感恩生命中的伯乐，我们的师长，我们的上司，我们的朋友，是他们给我们力量，让我们在最萎靡的时候，还拥有前行的动力。

贵人和恩人，都是这辈子为我们撑伞的人。因为有了他们，我们在暴风骤雨中，才能坦然向前；我们在风云变幻中，才能安然无恙。

第十章

我选择，我喜欢——大胆做自己

生命短暂而珍贵，我选择，我喜欢，要大胆做自己，不被外界所困，摆脱条条框框，活出自我的精彩。

要关注内心需求，主动抓住机会，为自己而活，活出真实的自己，让生命更加精彩。

1 一语惊四座——大胆自我介绍

万事开头难，自我介绍也是如此。对别人称呼很重要，自我介绍也很重要。自我介绍是让别人认识你的开始。

在日常交往中，自我介绍是必不可少的。初次见面，人们彼此都有一种了解对方，并渴望得到对方尊重的心理。这时，如果你能及时、简明地进行自我介绍，不仅满足了对方的渴望，而且对方也会以礼相待，做自我介绍。这样，双方以诚相待，就为进一步交往奠定了良好的基础。

而且，在参加社交集会时，主人不可能把每个人的情况都介绍得很详细。为了增进了解，你不妨抓住时机，多做几句自我介绍。时机有两种：一是主人介绍话音刚落时，你可接过话头再补充几句；二是如果有人表示出想进一步了解你的意向时，你可做详细的自我介绍。

自我介绍让别人记住你的关键在于创造一个鲜明、有趣且与众不同的形象。以下是一些技巧，可以让你的自我介绍更加难忘。

开场白：用一个吸引人的开场白开始，比如一个有趣的事实、一个小故事或者一个相关的笑话，这样可以立即吸引听众的注意力。

简洁明了：保持自我介绍的简短和精练，避免冗长和不必要的细节，这样人们更容易记住关键信息。

个性化：分享一些个人的特点或爱好，可以是你的工作之外的事情，比如你的兴趣或者特殊技能，这有助于人们看到你独特的一面，可以采用三点论，不用太多，可以集中概括。例如，“第一，喜欢什么；第二，喜欢什么；第三，喜欢什么”。这样子也有一定的逻辑顺序。

同时，自我介绍时应注意以下几点。

1. 要有自信心。“社恐”的人，怕见陌生人，见到陌生人，似乎思维也凝固了，手脚也僵硬了。本来伶牙俐齿的，变得说话结巴；本来笨嘴笨舌的，嘴巴更像贴了封条。这种状况怎能介绍好自己呢？要克服这种胆怯心理，关键是要有自信。有了自信心，才能介绍好自己，给别人留下好的印象。

2. 要真诚自然。有人把自我介绍称为自我推销。既然推销产品时需要在“货真价实”的基础上做宣传，那么推销自我时也不能不顾事实而自我炫耀。因此，做自我介绍时，最好不要用“很”“最”“极”等极端的词汇，给人留下“狂”的印象；相反，真诚自然地自我介绍，往往能使自己的特色更闪闪发光，引起人们的注意。

3. 要考虑对象。自我介绍的根本目的是要给对方留下一个印象，因此要站在对方理解的角度来说话。比如第一次参加某方面的研讨会，你站起来说：“我叫 ××，我来发个言。”此时在场的人一定会这么想：这是什么人？怎么从来没见过？他代表哪方面？他的意见值得听吗？所以，面对有这么多想法的听众，你只介绍“我叫××”是不行的，别人不会安心听你的发言。如果你理解了听众的心理，就可以这样介绍：“我叫××，是××大学的教师，我第一次参加这样的研讨会，望大家多多指教。现在我就这个问题谈谈自己的看法……”这样的介绍，才不会使听众心中结下疑团，也才能使听众安心听你的发言。

所以，在介绍自己时，一定要重视那个或那群与你打交道的人，要随机应变。如你面对的是年长、严肃的人，你最好认真规矩些；如与你打交道的人随和而具有幽默感，你不妨也比较放松地展示自己的特点，作出有特色的自我介绍来。

总之一句话，要在自我介绍中表现出你的口才，让它成为吸引人的广告，深入人心。

2 介绍别人要从容

在交往中，经常需要介绍他人，一般来说，介绍他人时应先向对方打个招呼："请允许我介绍你们认识一下"或"我介绍你们相互认识一下好吗？"这样可以使双方有思想准备，不会感到突然。

介绍不但涉及礼仪，也涉及一些习惯。做介绍时，如是不同性别的两个人，应该先把男士介绍给女士；如果男士年纪比女士大很多时，则应先把女士介绍给男士；如果是不同辈分、职务的两个人时，应先介绍晚辈给长辈，先介绍下级给上级；把一对夫妇介绍给他人，在一般情况下应先说丈夫，后说妻子；把两个群体相互介绍时，一般只介绍带队的、职务高的，随员笼统介绍即可。

有时，需要把某个人介绍给很多人，应该先向全体介绍这个人的姓名、职业，然后再依照坐着或站着的次序一一向这个人做介绍。如："各位，这是电视台的记者刘方。小刘，这是公司董事长××，这是总经理××，这是……"

有时，向大家介绍新来的领导、来讲课的老师或做报告的专家学者时，只要把这个人介绍给全体人员就可以了，不必再一一向他做介绍。被介绍者要站立，向众人表示谢意，众人一般应鼓掌致意。

介绍的内容，一般只包括姓名、身份，如有必要，也可以介绍籍贯、个人性格、爱好、工作成就，所熟悉的老师、同学、朋友等。通过这些内容的介绍，使双方能够很快沟通。

在介绍他人时，应注意以下几点。

1. 介绍时要热情诚恳，面带微笑，神情要镇定自若，落落大方，充满自信。即使遇到意外情况，也不要慌乱，从而造成一种融洽随和的气氛，给被介绍的双方留下难忘的印象。

2. 介绍时口齿要清楚，并做必要的解释和说明，以便使听的人能够很快记住双方的姓名。

3. 介绍方法要灵活，要随机应变。面对长者或领导，要使用尊称，如说“请允许我向您介绍……”。在朋友之间，可用轻松活泼的方式，有时不妨幽默一点。如“这是我们单位有名的大胖子，外号‘肥仔’”。这样能使气氛活跃。介绍他人时，只能称赞，不能揭短，否则赢不来尊敬，还会招来别人的厌恶。

4. 在给他人做介绍时，首先要实事求是。简明扼要地介绍双方各自的情况，如姓名全称、职位、与自己的关系以及认识对方的目的等，令双方知道如何称呼彼此、明白双方交流的意义。

5. 在介绍对方时切忌厚此薄彼，不可以对一方介绍得面面俱到，而对另一方只用寥寥数语介绍。也不可以对一方冠以“这是我的好朋友”，而不给另一方以“同等待遇”。

6. 介绍不必太过拘束。在家庭交际场合，介绍不必过于拘泥于礼节，倘若大家又都是年轻人，就更应以自然轻松、愉快为宗旨。

3 自我推销——做自己的“伯乐”

我们以为有伯乐然后才有千里马，但是如果没有了伯乐，千里马也可以自己做自己的“伯乐”。比如自我推销，你要懂得尽情展示自己的亮点。

有人会说：“自我推销也得具备能力呀！”

其实，自我推销时，也未必就要具备充足的能力，只要有这方面的潜力，就能把自己推销出去。因为人的能力不是天生的，是在实践中不断摸索、锻炼获得的。如果自己不推销自己，即使有能力，也不会有施展的舞台。

很多人抱怨自己明明是千里马，却偏偏遇不到伯乐，认为老天不公，不给他发挥的机会，认为自己是不幸的人，找不到人生的方向。有这样想法的人就大错特错了，一个积极的人绝不会感叹命运不公，他们都会主动出击，为自己创造机会。只要你有能力、有才华，做一个有心人，敢于展示自我，推销自我，你一定有施展的机会。

当然，自我推销也需要技巧，不是见人就推销，像推销产品一样，要寻找到潜在客户，还要有一个好的外包装吸引人的注意力，从而顺利地把自己推销出去，所以你要注意自己的仪表形象。社会心理学家曾做过这样一个实验：在对两组被试者分别加以修饰之后，使其中一组看起来风度翩翩，另一组则显得随便，并令其分别走路时违反交通规则。其结果是：第一组闯红灯时，尾随者占行人总数的 14%；而第二组的追随者只占 4%，这说明人的服饰、穿着具有很强的感召力。没有人会对一个蓬头垢面、衣衫不整的人感兴趣，他们会让你讨厌。服装也并不一定要时髦赶潮流，最要紧的是大方得体、干净整洁、大众化。

我们有这样一种体验：上大学一年级的时候，老师对同学们不太了解，选班干部是老师头痛的事情，他也不知道选谁好。后来他说："谁要认为自己有能力当班干部，就主动来找我，我会给他施展的机会。"

那时，我们都不好意思主动去找老师，即使有这个能力，要主动推销自己，也觉得脸红。可是出乎我们的意料，班上有个很不起眼的女孩，平时一向默默无闻，却毛遂自荐，当上我们班的班长。刚开始大家都不服，像她这样一个内向、不苟言笑的女孩，能胜任班长吗？我们都想看她的热闹。

事实却相反，她在管理方面确实有两把刷子，帮助老师把班级管理得井井有条，得到老师和同学们的高度赞赏。后来我们感慨，如果她不主动推销自己，即使再有能力，也不会有当班长的机会。

再说一个历史故事，刘邦最初没有重用韩信，这使韩信十分苦闷。他工作没有干劲，还和一群人犯了法，依照法律，要处以砍头之刑。执刑那天，当韩信前面的十几个人都被砍了头时，他忍不住心中的悲壮情感，面对监斩的夏侯婴大声呼喊：“汉王不是要争夺天下吗？为什么要白白地杀掉英雄豪杰呢？”

夏侯婴听到韩信的话猛然一惊，觉得奇怪，便仔细打量了一番他，发现仪表堂堂，具有英雄人物的气概，于是将他释放了。在与他交谈时，夏侯婴发现韩信十分有才华，志大才高，便把他推荐给了刘邦，从此韩信受到刘邦的重用，他的军事才华也得到充分发挥。

世上千里马常有，而伯乐不常有。即使没有伯乐也不用怕，自己可以做自己的伯乐，是金子就让它发光。

如果韩信不自我推销，身死人手，头脑着地，还有后来的战神韩信吗？

4 主动出击，把机会牢牢抓在手中

有句古语说：“静如处子，动如脱兔。”讲的是动与静的关系，古时是用在兵法上的。如今，又出现了一个词，叫“商机无限”，讲的是商业信息，那么把“静如处子，动如脱兔”用在这里也未尝不可，在未得到商业信息之前，静观其变，等发现机会就马上行动。

1875 年春天。

美国实业家亚默尔像往常一样在办公室里看报纸，一条条的小标题从他的眼中溜过去。突然，他的眼睛发出了光芒，他看到了一条几十字的时讯：墨西哥可能出现了猪瘟。

他立即想到：如果墨西哥出现猪瘟，就一定会从加利福尼亚、得克萨斯州传入美国，一旦这两个州出现猪瘟，肉价就会飞快上涨，因为这两个州是美国肉食生产的主要基地。

他的脑子正在运转，手已经抓起了桌子上的电话，问他的家庭医生是不是要去墨西哥旅行。家庭医生一时间弄不清什么意思，满脑子的雾水，不知怎么回答。

亚默尔只简单地说了几句，就又对他的家庭医生说：“请你马上到野餐的地方来，我有要事与你商议。”

原来那天是周末，亚默尔已经与妻子约好，一起到郊外去野餐，所以，他把家庭医生约到了他们举行野餐的地方。

他、他的妻子和他的家庭医生很快聚集在了一起，他满脑子都是钱，对野餐已经失去了兴趣。他最后说服家庭医生，请他马上去一趟墨西哥，证实一下那里是不是真的出现了猪瘟。

医生很快证实了墨西哥发生猪瘟的消息，亚默尔立即动用自己的全部资金大量收购佛罗里达州和得克萨斯州的肉牛和生猪，很快把这些东西运到美国西部的几个州。

不出亚默尔的预料，瘟疫很快就蔓延到了美国西部的几个州，美国政府的有关部门下令一切食品都从东部的几个州运往西部，亚默尔的肉牛和生猪自然也在运送之列。

由于美国国内市场肉类食品奇缺，价格猛涨，亚默尔抓住这个时机狠狠地发了一笔大财。在短短的几个月时间内，就足足赚了100万美元。

亚默尔之所以能够赚到这样一大笔别人没有赚到的钱，就是因为他比别人更能准确地把握商机，一旦发现商机就果断出击，绝不手软。

不仅商业上如此，把这一理论推导至生活的方方面面也一样运用。当千载难逢的机会来临时，你要主动出击，抓住它，让它成就你的事业和人生。

一个能迅速而准确地作出判断的人，比那些犹豫不决、模棱两可之人的发展机会要多得多。

有些人最终无法成大事，并不是缺乏创立一番事业的能力，而是因为他们判断力差，并且不能把握时机。

目前，社会上最受欢迎的是那些有巨大创造力与非凡经营能力的人。唯有那些有独创性、肯研究问题、善经营管理、有准确判断力的人才能够成就伟大的事业。

当然，主动出击前，应事先仔细地分析考虑，对事情本身及其环境作一个准确的判断，然后再制定决策；而一旦付诸实施，就要全力以赴地去做。

判断力不准确和缺乏判断力的人通常很难决定真正开始做一件事，即使决定开始做了，也往往很难收场。他们大部分的精力和时间，都消耗在犹豫和迟疑当中，这种人即便具备其他能获取成功的条件，也不会真正获得成功。

造船厂里有一种力量强大的机器，能把一堆破烂的钢铁毫不费力地压成坚固的钢板。善于做大事的人就与这部机器一般，做事异常敏捷，只要他们决心去做，怎样复杂困难的问题到了他们手里都会迎刃而解。

如果一个人目标明确、胸有成竹，那么他绝不会把自己的计划拿来与人反复商议，除非他遇到了在见识、能力等各方面都高过他的人。一个头脑清晰、判断力很强的人，一定会有自己坚定的主张，他们绝不会糊里糊涂，更不会投机取巧，他们不会犹豫不前，也不会一遇到挫折便赌气退出，只要做出决策、计划好的事情，他们一定会勇往直前。

5 尊重别人就是尊重自己

在物理学上，力与力的关系是作用力与反作用力的关系，若用到人际关系中，就是你给别人付出多少，你也就能收获多少人情。

我们在物理课上都学过作用力与反作用力的理论，这个理论指出，当你向一个物体发出多大力量时，这个物体将反作用给你一个完全相等的力，这一原则同样可以从物理学上应用到人际交往中。事实上，当你对别人的尊重多一分时，别人对你的尊重也在增长。以下由两位著名谈判专家所讲述的小故事也许可以说明这个原理。

我和一位同事去曼哈顿出差，由于在那天早上的第一个约会前有一点时间，我们可以从容地吃顿早饭。点完菜之后，我的同事出去买份报纸。过了 5 分钟，他空手回来了。他摇摇脑袋，含混不清地小声骂街。

“怎么啦？”我问。

他答道：“我走到对面那个报亭，拿了一份报纸，递给那家伙一张 10 美元的票子。他不是找钱，而是从我腋下抽走了报纸。我正在纳闷，他开始教训我了，说他的生意绝不是在这个高峰时间给人换零钱的。”

我们一边吃饭，一边讨论这一段插曲，我的同事认为这里的人傲慢无礼，都是“品质恶劣的家伙”。他以后再不让任何人给找 10 美元的票子了。饭后，我决定去试一试，让我的同事在饭店门口看着我，我横过马路去。

当报亭主人转向我时，我和顺地说：“先生，对不起，我不知道你能不能帮个忙。我是个外地人，需要一份《纽约时报》。可是我只有一张 10 美元的票子，我该怎么办？”他毫不犹豫地把一份报纸递给我道：“嗨，拿去吧，找开钱再来！”

我兴高采烈地拿了“胜利品”凯旋。我的同伴摇摇脑袋，随后他把这件事称为“54 街上的奇迹”。

我顺口说道：“我们这次出差任务又多得一分，一切在于方法。”

事实正是这样，尊重他人要有方法和策略，这样你会和陌生人之间保持一种融洽的关系。在这种情况下，就能建立起公平和信任，并能互相交换实情、态度、感情和需要。有了这种自由的相互影响和共同分担后，就可以找到创造性的解决办法，从而使双方都成为胜利者。

另一个故事发生在 20 世纪 40 年代中期，已故的休斯制作了一部电影《被剥夺权利者》。电影主演是珍·拉塞尔，一位漂亮的浅黑色女郎，半露的高耸乳峰给人留下很深的印象。这个电影可能已经被人忘记了，但是电影的广告牌也许还记得。拉塞尔仰卧在空中的一堆干草上。

那时候休斯迷上了拉塞尔，以致跟她签订了一个一年 100 万美元的雇佣合同。

12个月之后，她合理合法地说："我想要我合同上规定的钱。"

休斯声明他现在没有现金，但有许多不动产。女明星的立场是她不听这些辩词，她只要她的钱。休斯继续向她说明他现在现金周转不灵，要她等一等。而拉塞尔一直指出合同的法律性，上面清楚地说明年底付款。

双方的争执看来是没法和解的，他们以竞争性的敌对面目出现，于是都通过自己的律师来交涉，原先的亲密关系变成了胜败的斗争关系。外界谣传说，只有通过法律程序来解决了（请注意，这位休斯就是后来的环球航空公司为产权争议花过120万美元诉讼费的人）。如将这一冲突诉诸法律的话，谁将获胜，也许律师是唯一的胜利者。

这一冲突后来是怎样解决的？事实上，拉塞尔很聪明地对休斯说，"啊，你我是不同的人，有不同的奋斗目标，让我们看看我们能不能在一起互相信任的气氛下分享信息、感觉和需要呢？"他们正是这样做了，于是以合作者出现，结果使他们之间的纠纷得到了创造性地解决，满足了双方的需要。

最后把原来的合同改为每年付5万，分20年付清，合同上的金额不变，但时间变了。结果休斯解决了资金周转困难问题，并获得本金的利息；另一方面，拉塞尔的所得税逐年分期交纳，并且会有所降低，有了20年的年金收入，她就不必为每日的财务问题操心了。

两个人的相互尊重使双方既保住了面子，又取得了胜利。要记住，当你跟休斯这样的怪人打交道时，即使你对，你也胜不了。就个人的不同需要而论，拉塞尔和休斯都是胜利者。他们都明白打官司解决不了任何问题，反而会损失更多，两个人也都是聪明的，采取了和平的方式，才使双方都取得了胜利。

6 培养良好习惯，戒除一些小毛病

与人打交道，我们经常会遇到一些人，由于一些微不足道的缺点，使他们成为不受欢迎的人，他们这些微不足道的缺点却像那遮不住明月的乌云一样，掩盖了他们原有的美丽与皎洁的光辉。要培养良好习惯，就必须戒除一些毛病。

1. 打哈欠。当你和别人一起谈话的时候，尤其是当别人在滔滔不绝发表意见时，你也许感到疲倦了，你能按捺住性子让自己不打哈欠吗？假使是你和你的老朋友谈话，你知道在老友面前打哈欠会引起老友的不快吗？

打哈欠在社交场合中给人的印象是：表现出你不耐烦了，而不是你疲倦。

2. 掏耳和挖鼻。有些手痒的人，只要他看见什么可以用，就会随手取一支来掏耳朵，尤其是在餐室，大家正在饮茶、吃东西的当儿，掏耳朵的小动作，往往令旁观者感到恶心，这个小动作实在不雅，而且失礼。即使你想洗耳恭听，此时此地也不是时候。同样，用手指挖鼻孔也是非常失礼的动作。

3. 剔牙。宴会席上，谁也免不了会有剔牙的小动作，既然这小动作不能避免，就得注意剔牙时不要露出牙齿，而且把碎屑乱吐，这是失礼的事情。假如你需要剔牙，最好用左手掩住嘴，头略向侧偏，吐出碎屑时用纸巾接住。

4. 搔头皮。有些头皮屑多的人，在社交场合也忍耐不住皮屑刺激的瘙痒，而搔起头皮来。搔头皮必然使头皮屑随风纷飞，这不仅难看，而且令旁人大感不快。

搔头皮这种现象在公共场合，尤其在社交场合和乱放臭屁一样实在失礼。特别是在宴会上，或者较为严肃、庄重的场合，这种小动作是很难使人谅解的。

5. 双腿抖动。这种小动作多发生在坐着的时候，站立时较为少见。这种小动作虽然无伤大雅，但由于双腿颤动不停，令对方视线觉得不舒服，而且也给人有情绪不安定的感觉，这也是失礼的。同样，让跷起的腿儿钟摆似的打秋千也是相当难看的姿态。

6. 当心放屁。放屁原属生理现象，是一种有益于人体的细菌在肠内制造出来的。人在正常的生理状态下，也不能不放屁。但是在公共场合，一个响屁足以破坏整个会场的气氛。即使放个闷屁，其臭味也叫人恶心。据一个有经验的人说，在预感到要放屁的瞬间可以来三次呼吸，实在不行，就悄悄地离开人群一会儿。

7. 拉链和鞋带松着。这是一种疏忽，是种难以叫人宽恕的疏忽，鞋带忘记系上或男士的裤子拉链忘记拉上，在大庭广众的场合，无疑是件有伤大雅的事。

8. 长指甲和污垢。留长指甲可能是一种癖好，但也有一些人却疏于修剪，而且也疏于清理指甲内的污垢，这就近于失礼了。当和对方握手、取烟、用筷时，半月形的指甲污垢赫然在目，实在不雅之至！

9.不要以“喂”来喊人。打电话时，人们为了接通线路，故有“喂”一声，待互通声气以后，照例是“早安”或是“你好”，然后再说下去。

但是有些人，平时见到朋友也像接电话一样先来一声“喂”，这就有失礼貌了，应该以姓和称呼来招呼对方才对。

我们也常见有些人问路，也是“喂”一声，虽然对方是路人，但为了礼貌起见，也得来一声“你好”“请问阁下”……

10.频频看手表。假如你不是忙人，而且又无其他重要约会，那当你和朋友攀谈时，最好少看自己的手表。这样的小动作会使你的朋友认为你还有什么重要的事情，不想使谈话继续下去；同时，你的小动作可能引起对方的误会，以为你没有耐心再谈下去。

如果你确实有要事在身的话，你不妨婉转地告诉对方改日再谈，并表示歉意。

11.不守时间。有一位小姐，她是一个非常可爱的人。她的脸型，配上她苗条的身材，显得特别清新飘逸，她的一双美腿走起路来轻盈极了。她喜欢穿淡雅服装，特别喜欢穿轻纱罩着的裙子。她的谈吐也非常斯文，亲切的话语交织着清甜的笑声，跟她在一起，令人神清气爽，心神舒畅。像这样的一位小姐，怎么会令人不愉快呢？

然而，她有一个很令人头痛的坏习惯：不守时。

许多次，朋友们在车站等她一起去旅游，大家都到了，而她左等也不来，右等也不来，有的人坚持要等她，有的人老早就不耐烦了。

终于，她来了，仍然那么轻盈，那么潇洒，那么清新飘逸，同时又那么清甜，那么愉快，那么悠然自在若无其事，在别人的埋怨声中，她竟连一句道歉的话也不说。

我们不知道她心里是怎么想的，不过，渐渐地她就被摒除在社交生活之外了。因为人们对她越来越反感，觉得她每次浪费别人这么多时间，是一种不可饶恕的行为。这种情形要绝对尽量避免。

12. 打听别人的私事。吴小姐性情活泼，态度亲切，凡是她到过的地方，都充满了她的甜爽的欢乐笑声。她美丽大方、明眸皓齿，而且打扮总是叫人看起来很舒服。

她的毛病，就是特别爱打听别人的私事。每到一个地方，她就很起劲地去查问别人的家庭情况、收入多少，在别人不注意的时候，就翻弄别人的用具，或是偷看别人的信件。

而且还不止于此，她把探来的私事，会在闲谈的时候随意地讲出来，也不顾这样做对别人会不会有损害。

她的这种毛病很是令人头痛，并且还会引起别人对她产生疑惧，以为她是别有用心。其实，她的内心毫无恶意，一方面是出于好奇，一方面又是由于喜欢说话。好奇，就对别人的私事发生无穷的兴趣；喜欢说话，就不免会把自己的见闻讲出来。可是她不知道，在她这种“天真烂漫”的行为中，不知给别人带来了多少的不安与不快。

社会复杂，每个人为了保护自己的安全，有许多事情是不希望别人知道的。所以，除了对很亲近的人或很熟悉的朋友之外，一般人对于别人的私生活都不会去询问。有时为了表示自己的关切，也要请求别人同意，等别人自愿地告诉你，倘若他不大愿意告诉你，你就别再追问了。倘若他愿意把事情告诉你，你也不要把此事当作新闻一样，到处去讲。至于偷听别人的谈话，偷看别人的书信、日记，或其他文件等，实在是一种侵犯隐私的行为。

我选择，我喜欢，大胆做自己，但也是有原则的，就是让人看起来喜欢，不惹别人厌恶。

附录

“I 人”“E 人”93 题问答

附录

“I人”“E人”93题问答

1. 当你某日想去一个地方，你会____？

A. 事先计划好了，然后再去

B. 先去，然后随机应变

2. 如果你是一位老师，你愿教____？

A. 注重实践的课程

B. 注重理论的课程

3. 遇到问题时，你通常喜欢____？

A. 和别人讨论解决方法

B. 自己想办法解决

4. 你认为____？

A. 很早就应该开始为聚会、约会等做准备

B. 不必先做准备，去了以后见机行事

5. 你通常和____相处得更好？

A. 喜欢想象的人

B. 注重现实的人

6. 你更多时候是____？

A. 让情感驾驭理智

B. 让理智驾驭情感

7. 当你和一群人在一起时，你常常是更愿意____？

A. 加入大家的谈话中去

B. 独自和熟识的人交谈

8. 你最喜欢____做事情？

A. 按兴致

B. 按计划

9. 你希望自己被看作是一个____？

A. 实干家

B. 发明家

10. 当别人问你一个问题时，你经常会____？

A. 马上就做回答

B. 先在脑子里想一想

11. 你喜欢与____打交道？

A. 常有出人意料想法的人

B. 按照常理行事的人

12. 按日程表办事____？

A. 正合你意

B. 束缚了你

13. 你觉得通常别人____？

A. 要花很长的时间才能和你相熟

B. 很快就能和你熟识

14. 为如何过周末制订一个计划____？

A. 是有必要的

B. 完全没必要

15. 下列哪一个评价更适合你？

A. 性情中人

B. 理智的人

16. 更多的时候，你倾向于____？

A. 独处

B. 同他人在一起

17. 在日常工作中，你更喜欢____？

A. 在时间紧迫的情况下，争分夺秒地工作

B. 做好提前量，尽早把工作做完

18. 你更愿把____视作朋友？

A. 总能有新想法的人

B. 脚踏实地的人

19. 你是一个____？

A. 兴趣广泛，什么都想尝试的人

B. 专注地投入某个兴趣的人

20. 当你有一项特别的工作要做时，你喜欢先____？

A. 察看工作的全貌

B. 找出必须要做的环节

21. 你更接受____？

A. 以情动人

B. 以理服人

22. 当你为了消遣而阅读时，你____？

A. 欣赏作者奇特、独创的表达

B. 喜欢作者的表达直接、明确

23. 新认识你的人____了解到你的兴趣所在？

A. 马上就能

B. 只有真正和你熟悉以后才能

24. 在旅行时，你喜欢____？

A. 随兴致行事

B. 事先知道一天中该做的事

25. 做许多人都做的事时，你喜欢____？

A. 按惯例去做

B. 发明自己的新方法

26. 多数人说你是一个____？

A. 不爱吐露心事的人

B. 非常坦率的人

27. 你更倾向或喜欢____（指你现在已具有的，而非向往的）？

A. 看不见的

B. 看得见的

28. 你更倾向或喜欢____（指你现在已具有的，而非向往的）？

A. 计划

B. 随意

29. 你更倾向或喜欢____（指你现在已具有的，而非向往的）？

A. 温情

B. 坚定

30. 你更倾向或喜欢____（指你现在已具有的，而非向往的）？

A. 事实

B. 想法

31. 你更倾向或喜欢_____（指你现在已具有的，而非向往的）？

A. 思维

B. 情感

32. 你更倾向或喜欢_____（指你现在已具有的，而非向往的）？

A. 热忱

B. 平静

33. 你更倾向或喜欢_____（指你现在已具有的，而非向往的）？

A. 说服

B. 打动

34. 你更倾向或喜欢_____（指你现在已具有的，而非向往的）？

A. 陈述

B. 概念

35. 你更倾向或喜欢_____（指你现在已具有的，而非向往的）？

A. 分析

B. 同情

36. 你更倾向或喜欢_____（指你现在已具有的，而非向往的）？

A. 系统性

B. 随机性

37. 你更倾向或喜欢_____（指你现在已具有的，而非向往的）？

A. 敏感

B. 精确

38. 你更倾向或喜欢____（指你现在已具有的，而非向往的）？

A. 缄默

B. 健谈

39. 你更倾向或喜欢____（指你现在已具有的，而非向往的）？

A. 常识性的

B. 理论性的

40. 你更倾向或喜欢____（指你现在已具有的，而非向往的）？

A. 侠肝义胆

B. 深谋远虑

41. 你更倾向或喜欢____（指你现在已具有的，而非向往的）？

A. 正式

B. 非正式

42. 你更倾向或喜欢____（指你现在已具有的，而非向往的）？

A. 沉静

B. 活跃

43. 你更倾向或喜欢____（指你现在已具有的，而非向往的）？

A. 利益

B. 祝福

44. 你更倾向或喜欢____（指你现在已具有的，而非向往的）？

A. 理论性

B. 确定性

45. 你更倾向或喜欢____（指你现在已具有的，而非向往的）？

A. 坚定的

B. 忠诚的

46. 你更倾向或喜欢____（指你现在已具有的，而非向往的）？

A. 理想

B. 现实

47. 你更倾向或喜欢____（指你现在已具有的，而非向往的）？

A. 雄心

B. 柔肠

48. 你更倾向或喜欢____（指你现在已具有的，而非向往的）？

A. 想象中的

B. 事实上的

49. 你更倾向或喜欢____（指你现在已具有的，而非向往的）？

A. 冷静的

B. 激情的

50. 你更倾向或喜欢____（指你现在已具有的，而非向往的）？

A. 制作

B. 创造

51. 你更倾向或喜欢____（指你现在已具有的，而非向往的）？

A. 热情的

B. 中立的

52. 你更倾向或喜欢____（指你现在已具有的，而非向往的）？

A. 明理的

B. 迷人的

53. 你更倾向或喜欢____（指你现在已具有的，而非向往的）？

A. 有同情心

B. 有逻辑头脑

54. 你更倾向或喜欢____（指你现在已具有的，而非向往的）？

A. 生产

B. 设计

55. 你更倾向或喜欢____（指你现在已具有的，而非向往的）？

A. 冲动

B. 抉择

56. 你更倾向或喜欢____（指你现在已具有的，而非向往的）？

A. 公正的

B. 体谅的

57. 你更倾向或喜欢____（指你现在已具有的，而非向往的）？

A. 安静的

B. 爱交际的

58. 你更倾向或喜欢____（指你现在已具有的，而非向往的）？

A. 理性

B. 感性

59. 你更倾向或喜欢____（指你现在已具有的，而非向往的）？

A. 不受限制的

B. 安排好的

60. 你更倾向或喜欢____（指你现在已具有的，而非向往的）？

A. 具体

B. 抽象

61. 你更倾向或喜欢____（指你现在已具有的，而非向往的）？

A. 能干的

B. 细腻的

62. 你更倾向或喜欢____（指你现在已具有的，而非向往的）？

A. 开放

B. 私密

63. 你更倾向或喜欢____（指你现在已具有的，而非向往的）？

A. 建造

B. 发明

64. 你更倾向或喜欢____（指你现在已具有的，而非向往的）？

A. 有序的

B. 随便的

65. 你更倾向或喜欢____（指你现在已具有的，而非向往的）？

A. 想象

B. 现实

66. 你更倾向或喜欢____（指你现在已具有的，而非向往的）？

A. 好胜的

B. 好心的

67. 你更倾向或喜欢____（指你现在已具有的，而非向往的）？

A. 理论

B. 事实

68. 你更倾向或喜欢____（指你现在已具有的，而非向往的）？

A. 很少的朋友

B. 很多的朋友

69. 你更倾向或喜欢____（指你现在已具有的，而非向往的）？

A. 可能

B. 确知

70. 你更倾向或喜欢____（指你现在已具有的，而非向往的）？

A. 宽容的

B. 坚决的

71. 你更倾向或喜欢____（指你现在已具有的，而非向往的）？

A. 新异的

B. 已知的

72. 你更倾向或喜欢____（指你现在已具有的，而非向往的）？

A. 温柔

B. 力量

73. 你更倾向或喜欢____（指你现在已具有的，而非向往的）？

A. 实用

B. 创新

74. 和一群人在一起聚会通常会让你感到____？

A. 兴致勃勃

B. 筋疲力尽

75. 你在做一个决定时，更多地会_____？

A. 权衡实际的得失

B. 考虑其他人的感受

76. 通常你更喜欢_____？

A. 提前安排好该做什么

B. 到时候率性而为

77. 当你一个人在家时，你_____？

A. 能够沉浸在自己的思维中

B. 总觉得应该做点什么事情

78. 多数情况下，你_____？

A. 随兴致做事

B. 按日程表做事

79. 你通常_____？

A. 容易和大家打成一片

B. 独处的时候更多

80. 你做事更倾向于_____？

A. 等到各方面的信息都全了以后再订计划

B. 提前很久就订计划

81. 别人_____交上朋友？

A. 容易和你

B. 较难和你

82. 你通常喜欢上_____的课程？

A. 探讨理论和概念

B. 列举事实和图表

83. 在聚会时，你_____？

A. 说的时候多

B. 听的时候多

84. 你觉得自己更倾向于是一个_____？

A. 随意的人

B. 有秩序的人

85. 你_____？

A. 只同那些兴趣相同的人才能长谈

B. 只要愿意，和任何人都可以长聊

86. 当你有一个报告需要在一个星期内交出时，你_____？

A. 常留出足够的时间并能提早完成

B. 常常是在最后一刻及时赶出来

87. 哪一个对你来说是更高的评价？

A. 有好胜心的

B. 有同情心的

88. 你觉得按日程表办事_____？

A. 虽有必要，但不喜欢

B. 有帮助的，非常喜欢

89. 你更愿意在一个____的老板手下工作?

A. 态度亲切，但有时会感情用事

B. 态度严厉，但始终按逻辑办事

90. 在完成一项大任务时，你常常是____?

A. 边做边考虑下一步

B. 事先想好每个步骤

91. 在社交场合，你通常觉得____?

A. 很难和不认识的人进行交谈

B. 很容易和多数人谈笑风生

92. 你常常是____?

A. 按已经有效的方法做事

B. 尝试一下有没有更好的办法

93. 你更喜欢按____做事情?

A. 当天的感觉

B. 已订好的日程表

E-I 量表

3,7,10,19,23,32,62,74,79,81,83 中有多少选 A，就在 E 维度上加几分。

13,16,26,38,42,57,68,77,85,91 中有多少选 B，就在 E 维度上加几分。

两者之和即为 E 维度原始得分。I=21-E。若 E 大于 I，在答题纸上标注 E；反之，标注 I。

得分不同，虽然同属一种维度，但程度有所差别。以下分类可以做一个参考：

E(I)=11--13，轻微外向（内向）

E(I)=14--16，中等程度外向（内向）

E(I)=17--19，明确外向（内向）

E(I)=20--21，绝对外向（内向）

S-N 量表

2,9,25,30,34,39,50,52,54,60,63,73,92 中有多少选 A，就在 S 维度上加几分。

5,11,18,22,27,44,46,48,65,67,69,71,82 中有多少选 B，就在 S 维度上加几分。

两者之和即为 S 维度原始得分。N=26-S。若 S 大于 N，在答题纸上标注 S，反之标注 N，若两者相等，标注 N。

得分不同，虽然同属一种维度，但程度有所差别。以下分类可以做一个参考：

S(N)=13--15，轻微偏好

S(N)=16--20，中等程度偏好

S(N)=21--24，明确偏好

S(N)=25--26，绝对偏好

T—F 量表

31,33,35,43,45,47,49,56,58,61,66,75,87 中有多少选 A，就在 T 维度上加几分。

6,15,21,29,37,40,51,53,70,72,89 中有多少选 B，就在 T 维度上加几分。

两者之和即为 T 维度原始得分。F=24-T。若 T 大于 F，在答题纸上标注 T，反之标注 F，若两者相等，标注 F。

得分不同，虽然同属一种维度，但程度有所差别。以下分类可以做一个参考：

T(F)=12--14，轻微偏好

T(F)=15--20，中等程度偏

T(F)=21--24，明确偏好

T(F)=25--26，绝对偏好

J-P 量表

1,4,12,14,20,28,36,41,64,76,86 中有多少选 A，就在 J 维度上加几分。

8,17,24,55,59,78,80,84,88,90,93 中有多少选 B，就在 J 维度上加几分。

两者之和即为 J 维度原始得分。P=22-J。若 J 大于 P，在答题纸上标注 J，反之标注 P，若两者相等，标注 P。

得分不同，虽然同属一种维度，但程度有所差别。以下分类可以做一个参考：

J(P)=11--13，轻微偏好

J(P)=14--16，中等程度偏好

J(P)=17--20，明确偏好

J(P)=21--22，绝对偏好

维度解读：

1. 你倾向于将注意集中在哪里？你从哪里获得能量？——内外倾维度

E（extroversion）—I（introversion）

外倾的人喜欢注意外部世界的人和活动，通过与人的互动和实际行动获得能量：

对外界环境敏感

喜欢通过交谈的方式和别人交流

通过交谈想出主意

最好的学习方式是参与和讨论

兴趣广泛

社会化，爱表达

工作和活动的发起者

内倾的人喜欢注意自己内在的观点和经验，通过反思自己的思想、记忆、情感获得能量：

沉浸在自己的内心世界

喜欢通过写作的方式交流

通过自己思考想出主意

最好的学习方式是反思，进行头脑中的“练习”

专注于某几个兴趣

重隐私，低调

在情况和事务非常重要时才主动行动

2. 你倾向于如何收集信息？感觉直觉维度

S (sensing)—N(intuition)

感觉型的人喜欢具体真实的信息，以文字方式观察，对实际经验有兴趣，以感官接收信息，关注事实和细节，而不解释其意义：

定向于现实

实际、具体

关注真实具体的事物

观察和记忆个别事物

谨慎、缜密地得出结论

通过实际应用理解观念和理论

相信实践经验

直觉型的人以图像化方式观察，关注事实间的关系和联结，把感官感觉到的信息立即翻译成一定模式，归入理论结构：

定向于未来发展

富有想象力和创造力

关注事物的意义和模式

记忆整体模式

快速得出结论，相信预感

在实际应用前先弄清观念和理论

相信灵感

3. 你如何做出决定？——思维—情感维度

T(thinking)—F(feeling)

思维偏好者在判断和决策过程中，受客观价值驱动，以逻辑的、分析的、超然物外的方式考虑事情的前因和后果，希望发现普遍性的标准和原则：

分析型的

使用因果推理

用逻辑解决问题

设立客观标准

理智

坚定甚至固执

公平，希望所有人被平等对待

情感型个体在做出决定时受主观价值驱动，喜欢考虑它对自己和他人的重要性，设身处地考虑决定的影响，乐于支持他人，赞扬他人，创造和谐：

易移情

个人价值观指引

考虑决策对他人的影响

致力于和谐、积极的互动

富有同情心

肠软

公正，希望每个人都得到尊重

4. 你如何应对外界世界？你的生活风格如何？——判断－感知维度

J(juding)—P(perceiving)

判断型个体喜欢有计划、有秩序、结构化的生活方式，遵守时间表，重视对生活的规划和调整，希望对事情提前安排，并马上付诸行动，尽早完成：

有计划

组织自己的生活

系统化

制订短期长期的计划

喜欢急着做出决定

尽量避免期限的压力

感知型个体喜欢随机的、灵活的生活方式，重视体验和理解生活，而非控制它，不喜欢受计划和决定的限制，常在最后做出选择，随时适应变化的能力很强：

适应性

灵活

随意

随时准备变化

对新信息开放，抱持等等看的态度

喜欢把事情拖到最后一分钟完成

至此，我们已经具有了搭建一个人格类型的所有元素，并对其含义有了一定了解。这四个维度八个极中的不同组合将形成 16 种人格类型，每个类型都由四个维度中个体偏好的那一极的代表字母组成的一个符号来表示。例如 ENFJ，表示该人的人格类型是“外倾—直觉—情感—判断”四极的综合。人格类型就是一个能综合反映个体人格的结构化模型，并且它是格式塔式的，即整体的意义要大于部分的总和。比如 INFP 类型所含的意义不仅仅是 I、N、F、P 这四个极的叠加，它更应被看作是一个整体，因为它包含了组合后所生出的新的意义，只有它才能提供完整丰富的人格信息。这是理解 MBTI 理论的一个关键。采用 MBTI-M 人格类型量表中文版（唐薇，2003 年修订）。MBTI-M 版本共包括 93 个项目，分为四个维度：内外倾、感觉直觉、思维情感和判断知觉。其中 EI 维度 21 个项目，SN 维度 26 个项目，TF 维度 24 个维度，JP 维度 22 个项目。部分项目反向记分。此问卷在社会各个领域获得了广泛的研究与应用，具有较好的鉴别力，量表测量的信度和效度良好，结构效度极佳。

ISTJ

内向感知思考判断

经济学家、数学家、物理学家、化学家、天文学家、地球科学家、生物科学家、农业科学家、医学研究人员、地质勘探人员、矿山工程人员、石油工程人员、冶金工程人员、化学工程机械工程人员、兵器工程人员、航空工程人员、航天工程人员、电子工程人员、通信工程人员、电气工程人员、电力工程人员、邮政工程人员、广播电视工程人员、交通工程人员、民用航空工程人员、铁路工程人员、建材工程人员、水利工程人员、海洋工程人员、水产工程人员、纺织工程人员、气象工程人员、地震工程人员、飞机和船舶人员、卫生专业技术人员、经济计划人员、会计人员、审计人员、校对员、图书资料与业务人员、调查分析师、银行清算员、银行储蓄员、书记员、精算师、卫生专业技术人员、食品工程技术人员、图书资料与档案业务人员。

ISFJ

内向感知感觉判断

室内装饰设计人员、会计人员、特殊教育教师、电脑操作员、审计人员、秘书、行政业务办公人员、行政执法人员、银行储蓄员、精算师、机械工程技术人员、电气工程技术人员、计算机与应用工程技术人员、地质勘探工程技术人员、气象工程技术人员、法官、检察官、律师、化工工程技术人员。

INTJ

内向直觉思考判断

会计人员、审计人员、律师、建筑工程技术人员、精神科医师、内科医师、编导和音乐指挥人员、计算机与应用工程技术人员。

INFJ

内向直觉感觉判断

特殊教育教师、建筑工程技术人员、社会学研究人员、心理医师、计算机与应用工程技术人员、编辑、文艺创作和评论人员、编导和音乐指挥人员、翻译、社会学研究人员、高等教育教师（人文学科、艺术类）、教育科学研究人员、哲学研究人员、文学、艺术研究人员、美术专业人员、歌唱演员、工艺美术专业人员。

ISTP

内向感知思考认知

计算机与应用工程技术人员、律师、法官、检察官、消防人员、卫生专业技术人员。

ISFP

内向感知感觉认知

行政业务办公人员、测绘工程技术人员、海洋工程技术人员、建筑工程技术人员、护理人员。

INTP

内向直觉思考认知

会计人员、律师、工艺美术专业人员、精神科医师、内科医师、电影电视制作人员、计算机网络管理员、建筑工程技术人员、经济学研究人员、计算机与应用工程技术人员、物理学化学研究人员、工程技术人员、律师、卫生专业技术人员、审计人员、文艺创作和评论人员、编导和音乐指挥人员。

INFP

内向直觉感觉认知

心理医师、社会学研究人员、翻译、高等教育教师（人文学科）、图书资料与档案业务人员、服装设计师、编辑、计算机网络技术人员、编导、翻译、建筑工程技术人员、教育科学研究人员、文艺创作和评论人员。

ESTP

外向感知思考认知

企业经理、项目管理师、证券投资顾问、证券交易员、信用管理师、银行国外业务员、技术培训人员、计算机与应用工程技术人员、导游、推销员、营销工程技术人员、记者。

ESTJ

外向感知思考判断

公司经理、精算师、卫生专业技术人员、房地产策划师、保险推销员、高等教育教师（贸易工商类）、银行货币发行员、银行国库业务员、银行外汇管理员、项目管理师、计算机与应用人员、物流师、品牌管理师、证券业务人员、保险业务人员、建材工程技术人员、人力资源经理开发与管理工程技术人员、企业培训师、营销工程技术人员、企业信息管理师、商务策划师、会展策划师、公关人员、社会学研究人员、物流师、品牌管理师、企业培训师、演员。

ESFP

外向感知感觉认知

特别事件的协调人、导游、银行信贷员、银行信托员、保险业务人员、幼儿教师、社会教育研究人员、推销员、房地产策划师、营销工程技术人员、广告设计人员、美术专业人员、服装设计人员、色彩搭配师、摄影记者、节目主持人、卫生专业技术人员。

ESFJ

外向感知感觉判断

公关员、银行业务人员、营销工程技术人员、人力资源经理、开发与管理工程技术人员、企业培训师、房地产策划师、推销员、秘书、证券业务人员。

ENFP

外向直觉感觉认知

人力资源经理、开发与管理工程技术人员、企业培训师、营销工程技术人员、项目管理师、企业信息管理师、商务策划师、会展策划师、品牌管理师、环境保护工程技术人员、播音员。

ENFJ

外向直觉感觉判断

人力资源经理、开发与管理工程技术人员、企业培训师、营销工程技术人员、计算机与应用工程技术人员、公关人员、文艺创作和评论人员、记者、编辑、电影电视制作及舞台专业人员、社会学研究人员、高等教育教师（人文学科类）、教育科学研究人员、节目主持人（新闻、采访类）、编导和音乐指挥人员。

ENTP

外向直觉思考认知

人力资源经理、开发与管理工程技术人员、证券业务人员、保险业务人员、银行业务人员、演员。

ENTJ

外向直觉思考判断

企业经理、银行国外业务员、银行信托业务员、银行信用卡业务员、证券投资顾问、理财规划师、黄金投资分析师、证券发行员、证券交易员、会计人员、企业培训师、项目管理师、企业信息管理师、商务策划师、会展策划师、品牌管理师、律师、法官、高等教育教师、房地产策划师、人力资源经理、开发与管理培训人员、营销工程培训人员、技术培训人员。

参考文献：

唐薇 . 麦尔斯—碧瑞斯人格类型量表 (MBTI) 的理论及应用的初步研究 [D]. 华东师范大学 , 2003.

魏长波 . 高校辅导员职业承诺及其与 MBTI 人格类型的相关研究 [D]. 西南大学，2009.

陈玉玲 , 陈维政 . MBTI 人格类型与工作匹配作用机制研究 [J]. 软科学 , 2015, 29(005):92-95.

孙钦燕 . 职业测评系统在高考生专业选择中的应用研究 [D]. 东北大学，2009.